带你走进软件

张 正　王 洋　孙岱婵　魏 萍　编著

插图绘制　曲文潇

新时代出版社

·北京·

内 容 简 介

我们的生活离不开软件,衣、食、住、行……软件已经渗透到我们生活中的方方面面,但你知道软件是如何工作的吗?软件是如何生产出来的吗?

本书能够帮助大家深入地理解软件,它从理解计算机以及软件的各种基础知识和原理出发,包含的知识比较全面,但又不是点到为止,而是将整个软件知识体系中涉及的关键内容都进行了深入浅出的讲解。

如果你对软件的知识很感兴趣,可以阅读一下这本书,希望能给你带来收获。

图书在版编目(CIP)数据

带你走进软件/张正等编著.—北京:新时代出版社,
2015.12

ISBN 978-7-5042-2517-7

I. ①带… II. ①张… III. ①软件—基础知识 IV. ①TP31

中国版本图书馆 CIP 数据核字(2015)第 304606 号

※

新 时 代 出 版 社出版发行

(北京市海淀区紫竹院南路 23 号 邮政编码 100048)

北京嘉恒彩色印刷有限责任公司

新华书店经售

*

开本 710×1000 1/16 印张 9¾ 字数 150 千字

2015 年 12 月第 1 版第 1 次印刷 印数 1—5000 册 定价 28.00 元

——————————————————————————————

(本书如有印装错误,我社负责调换)

国防书店: (010)88540777 发行邮购: (010)88540776

发行传真: (010)88540755 发行业务: (010)88540717

前言
Preface

你能列举出每天排在你使用次数前三位的软件吗？

这似乎不是一个很难回答的问题。

你歪着脑袋想了想……如果要和远在他乡的朋友交流，我可以用软件实现；如果周末不想出门但又想吃到某家餐馆的菜，我可以用软件实现；如果想随时随地都能订火车票和机票，我也可以用软件实现。

你惊讶地发现，软件在我们的生活中无处不在。

那么，再进一步，软件是如何生产出来的呢？软件是如何工作的？软件技术的发展经历了哪几个阶段？我们在使用软件的时候获得的是什么授权？别人的软件我们可以随便使用吗？

还有，在软件的历史上有哪些很重要的人？有哪些很重要的事？

这些问题似乎不是三言两语就能说得清的了。

但是请不要着急。我们创作本书的目的，就是想把这些问题尽可能详细、尽可能通俗易懂地讲给你听，告诉你软件是什么，编程语言的用途是什么，软件的生产工艺是什么……还有那些吸引人眼球的机器人。你平时看电影,对机器人一定不陌生吧? 那你是不是很想知道机器人是如何研发出来的呢? 他们会说话、会下棋,是因为他们会思考吗? 关于这些,本书都会有相应的介绍。

本书介绍了软件的一系列关键知识,包括编程语言、软件的生产工艺、开源社区、软件智能、软件人物、软件史上的重要事件等。我们希望通过这本书,能够帮助你比较深入地理解软件,能够让你在每天使用软件的时候可以时不时地想起一些关于它们的知识。

如果这本书能让你觉得软件知识非常有趣,那就是我们的荣幸了。

作 者
2015.9

目 录
/Contents

V

第一章
什么是软件

 一、什么是软件？软件的作用是什么？

软件是计算机系统中的程序及其文档。其中程序是指一系列按照特定顺序组织的计算机数据和指令的集合,程序也叫源代码。由于软件具有一定的复杂性,软件源代码的可读性差,因此,软件还有一系列的配套文档,与这些电脑程序相关的文档也是软件的一部分。所以说软件就是程序加文档的集合体。

中国大陆叫的软件,英文为 Software,在我国台湾被称为软体。

在现实生活的语境中,软件一词还有其他的含义。比如,我们说一个学校硬件如何,软件如何,其硬件是指学校的校舍、环境、设备等,软件是指学校的办学理念、精神风貌、师资力量等。所以,软件也泛指社会结构中的管理系统、思想意识形态、思想政治觉悟、法律法规等。

除特别声明,本书之中的软件,仅指计算机软件。

软件是无形的,没有物理形态,未运行时是一些代码和文件,运行时却能发挥出巨大的作用,我们能够通过运行状况来了解其功能和特性。软件不会像硬件一样老化磨损,但同样需要维护,比如对存在的缺陷进行维护,并对功能性能进行更新。软件的开发和运行必须依赖于特定的计算机系统环境,也就是说软件的开发对于硬件有依赖性,为了减少这种依赖性,软件的可移植性就显得尤为重要。

程序猿　　　　　　　　　　程序媛

　　软件工程师又叫程序员，一般指从事软件开发职业的人。3～5年前，软件工程师占据着高薪职业排行榜的前列，作为高科技行业的代表，工作技术含量很高，职位的争夺也异常激烈。但近年来，软件工程师成为工作辛苦、加班多、思想单纯而又木讷的代名词，又因为从事软件工作的男性较多，因此，被调侃为"程序猿"，而对于从事软件工作的女性，则被称为"程序媛"。

　　如今，软件领域不断孕育出新的商业形态，是国民经济诸多产业中最活跃的产业之一，国人正在以超快的互联网速度，在软件领域不断创新，不断推出新点子、新应用，软件改变着我们的生活，让我们来积极投身软件产业吧！

二、计算机系统由硬件和软件组成

　　计算机系统是由硬件和软件组成的。硬件是计算机的物质基础，而软件则是发挥计算机功能的关键，二者缺一不可。在计算机系统范畴，硬件是组成计算机的各种物理设备，包括主机和外设两部分。其中外设我们经常看到，包括键盘、鼠标等输入设备；显示器、打印机等输出设备；以及硬盘、光驱等外存储器。主机包含中央处理器（CPU）和内存。软件系统包括系统软件和应用软件。

　　而软件是指装载到计算机里,实现各种功能的那个工具。软件是看不见,摸不到的。

　　硬件:房子的大小
　　　　　户型
　　　　　位置
　　软件:配套服务
　　　　　酒店的文化底蕴

　　硬件和软件的概念到现在为止已经深入人心,我们在评价一个人时,也常说硬件和软件,通常,硬件是指他的身高、外貌、学历等,而软件通常指他的谈吐、能力等。我们在评价一个酒店时,通常硬件指房子的大小、户型、位置,而软件通常指其配套服务、酒店的文化底蕴等。记住了,一个事物的外在表现通常可以称为硬件,而其蕴含的内容和价值通常称为软件。

　　中央处理器(Central Processing Unit)简称CPU,它是计算机内部完成指令读出、解释和执行的重要部件,是计算机的心脏。它由运算器、控制器组成。

　　运算器和控制器是组成CPU的重要部件,分别在计算机系统中完成不同的功能和作用。CPU是计算机硬件中最核心的部件。CPU的制造是一项极为复杂的过程。

中央处理器

三、软件是个很年轻的概念

软件一词用于描述计算机中的非硬件成分,出现于 20 世纪 50 年代,1960 年起才广为流传。然而像我们常用的生活用品,灯的诞生时间是 1896 年,自行车的诞生时间是 1815 年,与它们相比较,软件的诞生还很年轻。

最早的软件开发方法是采用打孔纸带来编写程序,进入键盘操作时代后,变成由键盘输入机器操作代码,就是后来的汇编语言。后来,主要用于科学计算的大型计算机出现,使用类似汇编的编程语言,如 cobol。中型计算机出现,让计算机从大型科研机构走向企业、事业单位帮助企业、事业单位完成数据处理,帮助人们完成信息传递,此时出现专用编程语言。小型计算机的出现,更加方便了企业、事业单位的信息处理,这时出现了高级编程语言,如 C 语言。1980 年,IBM 尝试将计算机用于个人数据处理,引发个人计算机(PC)时代的到来。微软公司因为提供了更方便使用 PC 的软件 Windows 而成为世界上最成功的软件公司。

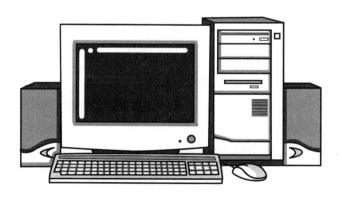

计算机

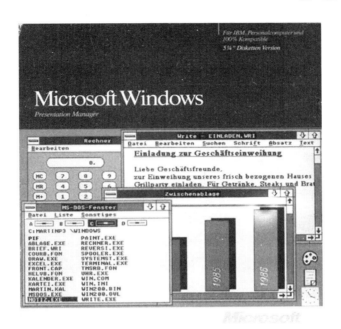

1987 年 Windows

四、生活中离不开软件

　　随着经济快速发展，人们的各项需求也都在提高，生活环境也在改变。IT 领域发展速度迅猛，如今人们的日常生活已经离不开"软件"，各种各样的服务器集群、数据中心大量兴起。我们日常生活离不开手机、电脑、电视等 IT 产品，而这些家用日常东西都是离不开软件的。

　　随着信息技术的发展，世界正在变得更加"智慧"，万事万物间感知化、互联化和智能化的程度不断加深。我们现在正处在一个"软件无处不在"的时代，软件被用于创建更高效的世界，驾驭信息爆炸，与数亿万计的设备实现通信；同时软件还不断促进产品差异化，为全球市场提供服务。如今，全球经济体的创新越来越依赖于软件的创新，无论是在系统工程领域，还是在其他的科学研究领域，全球的创新在很大程度上以软件的开发、变更和监控为基础。

在日常生活中,软件与我们紧密相关,从出行到理财,从教学到起名,很多软件已渐渐演变成与老百姓关系越来越紧密、操作简单、上手方便的日常用品了。而作为大众的我们,也处处都可得到软件的帮助。

天文类、地图类、儿童教育类、食谱、列车时刻表、火车票查询等软件,都成了最火爆的软件。推广这些软件,可以帮助人们改善生活。火车票查询、时刻表查询等实用工具,在假期间对那些回家的人们起到了至关重要的作用,及时更新的内容,让他们能第一时间查询到票价、机票剩余、火车票剩余等极具价值的内容,从而让回家变得更简单。一些生活类软件,比如小厨美食菜谱、虚拟天文馆、支付、聊天、新闻、电影、游戏、家政、起名通等新型实用类软件,也会给人们添加一些别样的色彩。

下面介绍几类目前热门的软件。

1. 打车软件

交通出行是生活中必不可少的,对于上班族来说,上下班打车非常普遍,而在上下班高峰时段,打车又很困难,打车软件的出现让车不再难打,为乘客提供便利。

打车软件改变了出租司机的等客方式,它可以让司机师傅用手机等待乘客"送上门来"。与电话叫车服务类似,乘客在手机中点击"我要用车",

并说明具体的位置和要去的地方,用车信息会被传送给在乘客附近的出租车司机中,司机可以在手机中一键抢应,并和乘客联系。出租车拒载已经成为大城市的普遍现象,打车软件的最大价值是匹配用户和司机的需求,减少司机的空驶,从而提高效率。

是您叫的车吗?

如果有接待需要,需要高档次的车型,打车软件也能够提供,当然价格也比出租车贵。打车软件还提供拼车服务,通过它,你就可以通过少量费用,搭与你同路的朋友的车上下班了。

2. 移动银行、移动理财和移动支付软件

在手机上安装移动银行,可以省却跑到银行处理业务的麻烦。通过手机,可以查询余额、进行转账。各种 P2P 软件提供在线的购买基金、股票和理财产品的服务。通过手机,还可以进行各种移动支付,可以付费乘车,可以到便利店购物、打车、缴费,还可以还信用卡、转账、充话费、缴水电煤等。

3. 社交软件

人在社会上活动,就离不开社交。试想,如果把你放在世界上最豪华的宫殿里,但仅仅是你一个人,不能与其他任何人进行交流和沟通,那即使是锦衣玉食,估计你也得被憋疯。当网络和软件出现后,社交拥有了新媒介。QQ、微信、Facebook 等是目前最流行的社交软件,在的面会进行具体论述。

五、软件分为系统软件和应用软件

计算机软件分为系统软件和应用软件，也可以分为一般性软件和嵌入性软件两大类。

系统软件为计算机使用者提供最基本的功能，包括操作系统、语言处理程序、数据库管理软件等。系统软件负责管理计算机系统中各种独立的硬件，使得它们可以协调工作。系统软件使计算机使用者和其他软件将计算机当作一个整体而不需要顾及到底每个硬件是如何工作的。

系统软件可以对硬件实现管理，使在一台计算机上同时或先后运行的各个应用软件有条不紊地合用硬件设备。例如，你一边听音乐，一边聊 QQ，QQ 和音乐播放器是两个应用软件，都要占用计算机的资源，这时，就需要操作系统来协调它们同时工作了。

系统软件并不针对某一特定应用领域，而应用软件则相反，应用软件是为满足用户不同领域、不同问题的应用需求而提供的那部分软件。它可以拓宽计算机系统的应用领域，放大硬件的功能。应用软件是多样化的，在上个小节，就列举了许多我们日常用到的应用软件。

应用软件是为了某种特定的用途而被开发的软件。它可以是一个特定的程序，比如用于图片加工处理的软件 Photoshop，用于制作三维动画的 3DMax，用于文字处理的办公软件 Office、WPS 等，小朋友喜爱的游戏软件植物大战僵尸等都属于应用软件。

如今智能手机得到了极大的普及，运行在手机上的很多软件也属于应用软件，并且备受关注。随着科技的发展，手机的功能越来越多，越来越强大，智能手机也越来越普及。手机上的应用软件将在整个软件中占据越来越重要的地位。

当前，嵌入式软件发展越来越迅猛，应用越来越多。嵌入式软件就是嵌入在硬件中的操作系统和开发工具软件，它在产业中的关联关系体现为：芯片设计制造→嵌入式系统软件→嵌入式电子设备开发、制造。

由于可穿戴设备的突起,嵌入式软件的应用发展迅速。

嵌入式软件是指用于执行独立功能的专用计算机系统。它由包括微处理器、定时器、微控制器、存储器、传感器等一系列微电子芯片与器件,和嵌入在存储器中的微型操作系统、控制应用软件组成,共同实现诸如实时控制、监视、管理、移动计算、数据处理等各种自动化处理任务。嵌入式软件可以理解为一个嵌入到硬件上的专属软件。

目前的可穿戴设备中应用的都是嵌入式软件。可穿戴设备是指直接穿在身上,或是整合到用户的衣服或配件的便携式设备。可穿戴设备不仅仅是一种硬件设备,它能够通过软件支持以及后台服务来实现强大的功能,可穿戴设备将会对我们的生活、感知带来很大的转变。最常见的可穿戴设备就是运动手环了。

2015 年,北京发布了具备一卡通功能的"刷刷手环"。

该手环除了可以在公交、地铁、市郊铁路、公共自行车租赁等服务上使用,还能在部分超市、蛋糕房、福利彩票、自动售货机、饮料瓶回收机等处使用,并能通过同步手机上的软件客户端查询余额和消费记录。同时,手环还设置了 7 种健康监测功能,包括静坐、散步、走路、快走、跑步、睡眠、卡路里消耗等自动检测,通过与客户端的连接,将数据导入手机或电脑,方便用户观察自己的生活习惯和运动计划。在分析数据之后,手环将给用户提出运动建议。

刷刷手环

刷刷手环手机软件界面

第二章
编程语言

 一、计算机语言的基础——二进制数

当你还是个萌娃的时候，一定也被问过二加三等于几的问题吧？你是否也萌萌地数手指呢。数手指能解决 10 以内的加法问题。如果加上脚趾，就能够解决 20 以内的加法了。

或许是因为人类有 10 个手指的原因，我们通常使用的数字是十进制。当我们数 1,2,3,4，5,6,7,8,9 后，就该进位数 10 了。这就是十进制，也就是每逢 10 就进位。我们对此早已习以为常了吧。

那什么是二进制呢？简单地说，二进制就是每逢 2 就进位，想一想，那我们就只剩下 0 和 1 两个数字了。我们由小到大的数变成了：

十进制数	二进制数
0	0
1	1
2	10
3	11
4	100
5	101
6	110
7	111
8	1000
9	1001

二进制所表达的信息量并没有减少。任何信息都能够用二进制进行合理的表示，只要有编码系统即可。

2 的 n 次方（n 是二进制的位数）就是 n 位二进制数所能够表示的信息量。

比如英文，英文只有 26 个字母，2 的 4 次方等于 16，2 的 5 次方等于 32，所以只要用 5 位的二进制数，就可以为所有的英文字母编码了，这样，美妙的莎士比亚十四行诗也可以轻松地用二进制数表示了。

虽然二进制数能够表达这些信息，但除了实施特务或者间谍工作之外，又有什么用呢？把一首美妙的诗，编程了不知所云的 0、1 代码，就能起到传播美的作用了吗？这并不是二进制码的真正应用。那什么才是二进制的合理应用呢？

在日常生活中，常见的条形码和二维码就是二进制的应用之一。

超市中的货品上几乎全都印上了条形码。条形码有很多类别，对应不同的编码方案，我们以通用产品代码（Univerdal Product Code，UPC）为例。虽然看起来与 0101 扯不上边，但它实际上是一个二进制码。

通常地，30 多条不同宽度的垂直黑色条纹组成了一个 UPC 条形码。这些条形码是细条和黑条、窄间隙和宽间隙的排列。在不同的编码方式中，宽度和空隙会有所不同。

请你把最细的黑条那么大的宽度看作一个单位。我们从条形码的一个横切面扫描过去,如果该位置是黑色的,就表示为 1,如果是白色的,就表示为 0。那一个条形码就会被表示成一个 90 多位或者更多的二进制数。

为了确保扫描的准确,设计者还有一些精巧的设计,比如左边和右边的保护线略长,都是 101,它用来帮助计算机扫描仪定位用。还有 01010 是中间护线,它则是一个内置式的验错码。

这样,我们就用一个 90 多位的二进制码唯一地标示出了一个物品,如果是 UPC 码的话,它包含的信息特别丰富,包括了物品的生产国家、制造厂家、商品名称、生产日期、类别等信息。

用黑白的条形码可以很好地"降噪",也就是降低干扰,可以使扫描结果不受印刷深浅的影响。条形码具备一定的长度,也是为了提高扫描的效率。

我们常见的二维码也是一样。二维码的应用目前包括身份识别、产品溯源、电子票务娱乐应用等。

二进制的发明为计算机领域作出了重大贡献。二进制数字系统在算数与电子技术之间架起了一座桥梁。

二进制只有两种状态,这样最容易使用电子器件实现。而且二进制容易计算,存储简单。

计算机是用电的,而电路只有通电和断电两种状态,计算机就是利用这两种状态的交替来进行计算的。由于计算机是由逻辑电路组成,逻辑电路通常只有两个状态,开关的接通与断开,这两种状态正好可以用"1"和"0"表示。当前的计算机系统使用的基本上是二进制系统,数据在计算机中主要是以补码的形式存储的。计算机中的二进制则是一个非常微小的开关,用"开"来表示 1,"关"来表示 0。

既然说到了二进制,我们在这里稍微引申地说一说"字节"吧。

字节是指一组相邻的二进制数码。通常是 8 位作为一个字节。它是构成信息的一个小单位,并作为一个整体来参加操作,比字小,是构成字的单位。

计算机内部的数组均用二进制来表示。通常用一个数的最高位作为符号位。0 表示正数,1 表示负数。

如

```
+ 19 = 00010011
- 19  = 10010011
```

那么文字是如何表示成二进制码的呢?

西文是由拉丁字母、阿拉伯数字、标点符号以及一些特殊符号组成的,统称为字符(Character)。所有字符的集合叫做字符集,字符集中的每一个字符都是一个代码(字码的二进制表示)。目前使用最广泛的西文字符集机器编码是 ASCII 码(美国标准信息交换码)。ASCII 码中每个字符都由 7 位二进制表示,从 0000000 到 1111111,共有 128 种编码,表示 128 个不同的符号;其中包括 10 个数字、26 个小写字母、26 个大写字母、算数运算符号、标点符号、商业符号等。有了 ASCII 码,任何英文文章词句都可以翻译成计算机理解的话了。

让我们翻译一下莎士比亚的这句诗吧。

Shall I compare thee to a summer's day?

1101010010

很长吧,对我们来说很难懂,可这正是计算机的强项呢。总地来说,计算机和软件的长处在于处理规则简单、工作量大的工作。但在处理千变万化的、无规则的事情上就有点难了;做有创造性的工作,就更难了。常有电影幻想机器人具备了人的智能,如《我,机器人》。其实,到目前为止,这些智能都是人所赋予的,其基本原理是基于已有的知识库,再加上人为设计的处置方法。

中文信息在计算机内部也可以表示。中文的基本组成单位为汉字。目前总数已经超过 6 万多。1981 年我国颁布《信息交换汉字编码字符集—基本集》(GB 2312—80),包含 6763 个常用汉字和 682 个非汉字字符。在计算机内部,每个汉字占 2 个字节。目前较为流行的 UNICODE 字符集中,中文字符和西文字符均占用两个字节。

音频和视频信息进入计算机前都将转化为二进制的数字。由计算机输出的音频或视频信息,也先将二进制的数字转化为音频或视频模拟信息,再传动给声像设备进行播放。计算机内的音频或视频信息转化工作主要由声卡和显卡完成。

二进制由 18 世纪德国数理哲学大师莱布尼兹发现。其实,莱布尼兹的发明源自中国的八卦图!

在莱布尼兹给好友的一封信中,他诚实地说出他关于二进制的文章是受中国太极八卦图启发的事实。

这样说来,二进制其实是一种非常古老的进位制,由于在现代被用于电子计算机中,而旧貌换新颜变得身价倍增起来。

八卦图

八卦图中的长横线和短横线可看作 1 和 0,这样,通过不同的组合,就可以表示不同的卦位。

 二、我们说的话就是自然语言

自然语言就是人类讲的语言,比如汉语、英语和法语。这些语言不是人为设计(有时为进行标准和规范会做一些限制),而是自然进化的。

语言是人类最重要的交际工具，是人们进行沟通交流的各种表达符号。人们借助语言保存和传递人类文明的成果。语言是民族的重要特征之一。通常情况下，每个民族都有自己的语言。汉语、英语、法语、俄语、西班牙语、阿拉伯语是世界上的主要语言，也是联合国的工作语言。

我们讲的汉语是世界上使用人口最多的语言，英语是世界上使用最广泛的语言。

我国有一些少数民族，如畲族，现存人口极少，已经没有文字，只有发音了。而有些少数民族或少数民族地区，其常用的一些字，在汉语字典里是不存在的，如"石羡"这个字，在当地是珍珠的意思，常用来为作为女孩子的名字，但汉语字典里是没有的。这些语言，如果不刻意保护的话，就会随着自然的进化而消失消亡。

母语不需要特别的学习就能掌握。一个婴儿从呱呱坠地到会开口说话，是很自然的过程，并没有特别的学习主谓宾定状补等语法。

好萌呀！

自然语言是不断发展变化的，其中大部分是随着环境的变化自然产生，又经过统一的管理规范自上而下地施行。比如我们现在很多的网络流行语，他们都是新创的。比如萌、囧等词。在 2013 年的网络流行语中，还大量存在一些网友新创的成语，很有意思，其中包括：这些很有意思的成语，也有可能经过更广泛地应用，将来进入词典。

不明觉厉	虽然不明白你在说什么,但是听起来感觉很厉害的样子。表面词义用于表达菜鸟对专业型技术型高手的崇拜,引申词义用于吐槽对方过于深奥不知所云,或作为伪装自己深藏不露的托辞。
男默女泪	全称为"男生看了会沉默,女生看了会流泪",常用来形容某篇文章的主题,多与情感爱情有关。
喜大普奔	是"喜闻乐见、大快人心、普天同庆、奔走相告"的缩略。
火钳刘明	是"火前留名"的意思,通常在一些有争议的作品刚出来时使用,表示看好这作品会火的可能性,而在前排留名。此外,"山前刘明"是"删前留名"的意思。

自然语言有发生发展,也有消亡。

语言的死亡通常有两种方式:一是说这种语言的人消失了;二是说这种语言的人放弃了自己的母语,转而使用另一种语言。

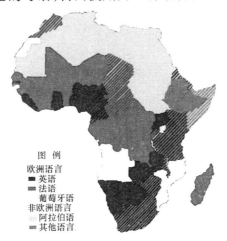

图 例
欧洲语言
■ 英语
■ 法语
  葡萄牙语
非欧洲语言
  阿拉伯语
■ 其他语言

非洲国家官方语言分布图

过去200年间,殖民主义是对语言最大的破坏者,欧洲殖民者在澳大利亚消灭了150多种土著语言,在北美扫荡了300多种土著语言。全球化、经济和社会压力逼迫人们从村庄搬到城市,他们的母语时时处在强势语言的压制之下。

一些原本很可笑的翻译却有可能进入词典。比如说一些中式英语。这些中式英语是将中国特有的成语、谚语、词组用幽默诙谐的英语表现出来,这一典型代表就是"好久不见"（Long time no see），而这一词组已经被收录进标准英语辞典中。此外还有"纠结"（Jiujielity）、"给力"（Geilivable）、"好好学习天天向上"（Good good study，day day up）、"人山人海"（People mountain people sea）、"给他点颜色看看"（Give him color to see see）。

不少人认为，中式英语越来越多出现在媒体和生活中，这表明中国正不知不觉、越来越多地融入到国际生活的方方面面，中文贡献的英文单词数量日益增多，也彰显了中国国力，说明中国对世界的影响越来越大。

不同语言中的词语不一定是一一对等的。像美国媒体这样直接用中国拼音"dama"来表示中国的一个群体的现象，在语言学中称为"借词"。中文词汇同样借来不少英文单词，比如"拷贝""酷""可口可乐"等。

还有我们的"上海交通大学"，其"交通"之名取自于《易经·泰卦》，其曰："天地交而万物通也，上下交而其志同也。"天地之交是最大的"交"，是万物大"通"之时，这也正是上海交通大学之所以命名为"交通"所蕴含的人文精神和办学理念。而英文中是没有这样一个词能与之对应的。

再比如我们中国各地的方言，各地用语中的很多词语，在其他地方是没有对等的词语的。比如北京话中的"二"，胶东话中的"彪"等。

语言是交流的工具，翻译是不同语言交互的桥梁。语言不同的两个人进行交谈，是需要有一个翻译的。

语言是表达思想感情的有力工具。语言既构成我们平常讲的话，比如平常我们的对话：我是个女孩，你好，你很漂亮。语言也可以构成意味隽永的诗词歌赋，比如下文摘录的李白的诗。这是目前计算机和任何软件都做不到的。

> 望天门山
>
> 李白
>
> 天门中断楚江开
>
> 碧水东流至此回
>
> 两岸青山相对出
>
> 孤帆一片日边来

三、计算机能听懂我们的话吗？

我们人与人之间的沟通靠的是语言和翻译。那么如何让计算机了解我们想让他做的事呢？我们与计算机的沟通采用的也是一种语言，称为计算机语言。

计算机是一种能够按照事先编写存储的程序，自动、高速地进行数值计算和各种信息处理的现代化智能电子设备。

程序是指令的集合。计算机程序是用来告诉计算机如何一步一步执行任务的。

指令是指示计算机执行某种操作的命令，它由一串二进制数码组成。计算机能识别的代码是二进制代码。

如果你们这次期末考试考了 7 门课，你想对所有的同学进行总分的排名。你是否想直接告诉计算机："请给全班同学按总分排名，并发送给我的班主任"，就能让计算机乖乖地开始干活？在实际工作中，计算机还达不到这么理想化的程度。首先，计算机还不能理解上述你讲的自然语言。

计算机所能理解的语言，是计算机语言。

计算机语言是指用于人与计算机之间通信的语言,是人与计算机之间传递信息的媒介。

计算机语言的发展,经历了从机器语言、汇编语言到高级语言的过程。随着这种发展,让计算机听懂我们的话也就变得越来越简单和容易。

机器语言是计算机能直接识别的语言,这种语言编写的源程序都是由 0 和 1 的二进制编码组成,是能唯一被计算机识别的语言,且所有的地址分配都是以绝对地址的形式处理。你输入计算机的话可能是"1010100010011110101000100010100010101000…"很长很长。如果在纸带子上面打孔来代表 0 和 1,这种穿孔纸所代表的程序的意义恐怕只有科学家本人才能够知道。由于不直观,编写出的机器语言程序出错率较高,并且机器语言存储空间的安排,寄存器、变址的使用都由程序员自己计划。

汇编语言又相对容易了一些,它用英文单词作为助记符来代表机器语言中的各种指令。

如

汇编程序语句　　ADD A,5　　其含义为变量 A 的值加 5

汇编指令与机器码指令有一一对应的关系,同时又增加了一些诸如宏、符号地址等功能。我们将汇编程序输入到计算机,由计算机提供的编译器进行编译,编译成二进制的机器码,从而成为计算机能够直接执行的程序。在这里,存储空间的安排可由机器解决。

汇编程序是一种翻译程序,可以将源程序翻译成目标程序。当高级语言无法满足设计要求或者无法支持某种特定功能时,才会使用汇编程序。

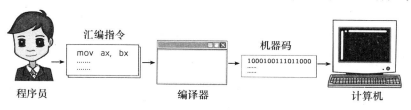

源程序是指用汇编语言和高级语言按照一定的语法规则所编写的

程序。

高级语言与计算机内部指令系统无关,完全独立于计算机机型,而表达方式接近人类语言和数学公式,容易被人所掌握和书写。如 BASIC、PAS-CAL、C、JAVA 语言等。高级语言分为传统的高级程序设计语言、通用的结构化程序设计语言、专用语言几种,它们各自应用的领域略有不同。

由于计算机所能执行的计算功能有限,因此,这种计算机高级语言比起我们千变万化的自然语言来就简单多了。以 PASCAL 语言为例,一共确定了 35 个标准词(称之为保留字)和若干预定义的标识符,它们作为基础,就可以组合构成各种功能的程序。

标准 PASCAL 语言中的保留字如下:

AND,ARRAY,BEGIN,CASE,CONST,DIV,DO,DOWNTO,ELSE,END,FILE,FOR,FUNTION,GOTO,IF,IN,LABEL,MOD,NIL,NOT,OF,OR,PACKED,PROCEDURE,PROGRAM,RECORD,REPEAT,SET,THEN,TO,TYPE,UNTIL,VAR,WHILE,WITH 等。

```
program area_of_circle;   //定义一个程序,名字叫圆的面积
const pi = 3.1316;   //定义一个常数 pi,其值是圆周率
var s:real;  //定义变量 s,用来表示面积
    r:integer;   //定义变量 r,用来表示半径
begin
writeln("please input radius:"); //在屏幕上显示引号中的字
readln(r);  //读取输入的数字
    s := pi * r * r; //计算
writeln("the area is",s); //在屏幕上输出结果
end.
```

上面的这段程序,由 PASCAL 语言编写,其功能是计算圆的面积。根据英语单词的意思,我们差不多能读懂该程序,这就是高级语言。

同样地,高级语言要转换成计算机能直接处理的二进制码,也是通过一个工具——"编译器"完成的,它相当于高级语言与计算机之间的翻译。

通过后面的阅读你会了解到,这种翻译和桥梁在计算机的整个体系里越来越多,从而让你使用计算机和软件的过程变得越来越简单,越来越有趣。

除此之外,还有 4GL 语言,4GL 在更高一级抽象的层次上表示程序结构和数据结构,它不再需要规定算法的细节。

不同的语言之间各有各的特点,而这些特点或多或少地能够影响使用者的心理,比如说,一种语言如果很简单就可以学会,并且使用起来十分方便,那么程序员在使用它的时候就会更加顺手,从而能够减少程序出错的可能性。

程序员在选择使用哪种语言时,如果仅仅依靠自己的偏好来选择,这也是一种不负责任的表现,因为程序员在设计程序的时候往往是出于项目客户的需求和项目本身的需要,所以,程序员在选择语言的时候,应从项目的角度出发。通过不同的角度来进行比较,考虑现实可能性,必要时可以折衷。比如,在详细设计阶段,应该选择具有结构化构造的语言,它有助于帮助详细设计的成果物转换为代码程序;而为了实现源程序的可读性,就要从标号命名、数据类型的丰富程度等方面出发,选择语言。

语言的选择还应考虑软件工程的不同阶段,像是在软件需求确定之后,需要结合软件的具体需求,例如实时应用、数据结构复杂等,看哪些语言的特性能够满足这些需求。在测试和维护阶段,语言的选择也会带来一系列的影响,这些都需要具体问题具体分析,但要明确一点,语言的可读性强能够减少程序的复杂性,这对软件的测试和维护是有利的。

归纳一下,在项目过程中选择语言需要考虑的因素有项目应用范围、软件环境、数据结构复杂程度、性能需求等,其中最重要的是项目应用范围,你的项目成果要应用到商业领域,还是科研领域,亦或是人工智能领域? 在不同的领域,可以根据领域特点选择语言,从而达到事半功倍的效果。

四、计算机解决问题的方法就是算法

所谓算法,是指一系列解决问题的清晰指令,它有限、有序。比如你想要与朋友看场电影,可能会先用手机 APP 选择电影院、场次、座位,然后订票。获取订票成功信息后,你和朋友来到电影院,换取纸质票,检票后入场。这就是一个看电影的算法,其目的是看电影,而这个目标的实现是有限和有序的。

通俗地讲,算法是解决问题的一种方法或一个过程。严格地讲,算法是满足下列性质的指令序列:

输入:有零个或多个外部量作为算法的输入。

输出:算法产生至少一个量作为输出。

确定性:组成算法的每条指令清晰、无歧义。

有限性:算法中每条指令的执行次数有限,执行每条指令的时间也有限。

有了算法,才会有程序。

算法设计的基本原则是正确、简单、最优。算法正确意味着算法能够解决提出的问题。算法简单意味着其复杂度低、性能好。算法最优意味着它便于实现,容易验证其正确性。要在保证一定效率的前提下力求得到简单的算法。

衡量算法好坏的一个重要指标是算法的复杂性。

算法设计是一件比较难的工作,经常采用的算法设计方法主要有迭代法、穷举搜索法、递归法、贪婪法、回溯法、分治法等。另外,为了更简洁的形式设计,在算法设计时又常常采用递归法。

1. 迭代法

迭代法是用于求方程或方程组近似根的一种常用的算法设计方法。设方程为 $f(x)=0$,同时用某种数学方法得出一个迭代公式 $x=g(x)$,然后执行下面的步骤:

(1) 选一个方程的近似根,赋给变量 x_0;

(2) 将 x_0 的值保存于变量 x_1,计算 $g(x_1)$,并将结果保存于 x_0;

(3) 当 x_0 与 x_1 的差的绝对值还大于指定的精度要求时,重复步骤(2)。

从上面的描述可以看出,迭代法就是选择一个迭代公式,不断进行迭代运算,当两次运算得到的值的差足够小时,就认为找到了解。

具体使用迭代法求根时应注意以下两种可能发生的情况:

(1)如果方程无解,算法求出的近似根序列就不会收敛(达不到两次运算的差足够小),迭代过程会变成死循环,因此在使用迭代算法应先考察方程是否有解,并在程序中对迭代的次数给予限制。

(2)方程虽然有解,但迭代公式选择不当,或迭代的初始近似根选择不合理,也会导致迭代失败。

2. 穷举搜索法

穷举搜索法是对可能是解的众多候选解按某种顺序进行逐一枚举和检验,并从中找到作为问题的解。

比如你的密码锁是四位数字,在没有任何提示的情况下,可以从0000开始尝试能否打开柜子,直到9999,总有一个是你所设置的密码。

下面拿背包问题作为例子。

有不同价值、不同重量的物品 n 件,求从这 n 件物品中取一部分物品的选择方案,使选中物品的总重量不超过指定的限制重量,但选中物品的价值之和最大。

为解决这个问题,这次我们设计一个 n 位的二进制数,这个 n 位的二进制数会有 $2n$ 个。即从

000000000...0000 到 111111111...1111

把所有物品都编号,当所有位置上的数字都是 0 时,我们认为是没有选中任何物品,当所有都是 1 时,我们认为是选中了所有物品,当某个位置是 1 时,我们就认为是选中该号物品。我们计算这时选中物品价值的和与重量,从中进行选择。

3. 递推法

递推法是利用问题本身所具有的递推关系求问题解的一种方法。设要求问题规模为 N 的解,当 $N=1$ 时,解或为已知,或能非常方便地得到解。当得到问题规模为 $i-1$ 的解后,因为问题的递推性质,能以此求得问题规模为 i 的解。这样,程序可从 $i=0$ 或 $i=1$ 出发,重复地由已知 $i-1$ 规模的解,通

过递推,获得规模为 i 的解,直到得到规模为 N 的解。

兔子数量问题是递推法中的经典例子:

现有一只一个月大的兔子,已知当兔子在第三个月大时每月就可以生下一只小兔子,求一年后兔子的总数量。

分析问题后,我们把兔子分三类:1 个月大、2 个月大、3 个或 3 个月以上大,列表分析如下:

月份	1 个月大	2 个月大	≥3 个月大
1	1	0	0
2	0	1	0
3	1	0	1
4	1	1	1
5	2	1	2
……			

根据上面图表分析可知:

下月"3 个月大"的兔子数量等于上月"2 个月大" + 上月"≥3 个月大"的兔子数量;

下月"2 个月大"的兔子数量等于上月"1 个月大"的兔子数量;

下月"≥3 个月大"的兔子数量等于上月"2 个月大" + 上月"≥3 个月大"的兔子数量;

这就是利用递推方法来解决问题的算法。

4. 递归

递归是设计和描述算法的一种有力的工具,它在复杂算法的描述中被经常采用。

能采用递归描述的算法通常有这样的特征:为求解规模为 N 的问题,设法将它分解成规模较小的问题,然后从这些小问题的解方便地构造出大问题的解,并且这些规模较小的问题也能采用同样的分解和综合方法,分解成规模更小的问题,采用同样的方法进行处理。当规模 $N=1$ 时,能直接得解。举例如下:

计算斐波那契(Fibonacci)数列的第 n 项函数 fib(n)。

斐波那契数列为 0、1、1、2、3…，即：

fib(0) = 0;

fib(1) = 1;

fib(n) = fib$(n-1)$ + fib$(n-2)$(当 $n>1$ 时)

写成递归函数有：

```
int fib(int n)
{
    if (n = =0) return 0;
    if (n = =1) return 1;
    if(n >1)  return fib(n -1) + fib(n -2);
}
```

递归算法的执行过程分递推和回归两个阶段。在递推阶段，把较复杂的问题(规模为 n)的求解推到比原问题简单一些的问题(规模小于 n)的求解。例如上例中，求解 fib(n)，把它推到求解 fib$(n-1)$ + fib$(n-2)$。当程序在计算 fib$(n-1)$时，会将其再推到求解 fib$(n-2)$ + fib$(n-3)$，直到 fib(1)和 fib(0)。这时，递推结束。

接下来是回归阶段，当获得最简单情况的解后，逐级返回。依次得到稍复杂问题的解，在得到 fib(2)后，又得到 fib(3)的值，以此类推，直到得到 fib(n)的值。

5. 回溯法

回溯法也称为试探法，该方法首先暂时放弃关于问题规模大小的限制，并将问题的候选解按某种顺序逐一枚举和检验。当发现当前候选解不可能是解时，就选择下一个候选解;若当前候选解除了还不满足问题规模要求外，满足所有其他要求时，继续扩大当前问题的规模，并继续试探。如果当前候选解满足包括问题规模在内的所有要求时，该候选解就是问题的一个解。当扩大规模后所有候选解都不是解的时候，就退回到小规模的候选解枚举阶段，调整该规模下的候选解。

在回溯法中，放弃当前候选解，寻找下一个候选解的过程称为回溯。扩大当前候选解的规模,继续试探的过程成为向前试探。

我们以一个填字游戏为例。

在 3×3 的方格中填入数字 1 到 $N(N \geq 10)$ 内的 9 个数字,每个方格填一个整数,使得所有相邻两个方格内的两个整数之和为质数。试求出满足这个要求的数字填法。

用回溯法找问题解的过程如下:从第一个方格开始,为当前方格按某种顺序(如从小到大的顺序)寻找一个整数填入,并在当前位置正确填入后,为下一方格寻找可填入的合理整数。如不能为当前方格找到一个合理的可填整数,就要回退到前一方格,调整前一方格的填入数。当第 9 个方格也填入合理的整数后,就找到了一个解,将该解输出。

如果要找到全部解,则在将找到的解输出后,继续调整最后位置上的数字,检验是否满足要求,满足要求的话输出,最后位置尝试完成后,再尝试调整前一个位置上的数字。

按照某种顺序可以保证不重复尝试已经试过的数据。当然,如果要找到全部解,那么,用穷举搜索法可能会更简单一些。

下面是一个非常有名的算法问题,n 皇后问题。

这是来自于国际象棋的一个问题。求出在一个 $n \times n$ 的棋盘上,放置 n 个不能互相捕捉的国际象棋"皇后"的所有布局。皇后可以沿着纵横和两条斜线 4 个方向互相捕捉。如下图所示,如果皇后放在第 3 行第 4 列的位置上,则棋盘上凡打 × 的位置上就都不能放置皇后了。所以,正确的解应该是每行、每列以及每条斜线上只有一个皇后。

		×		×		×	
			×	×	×		
×	×	×	Q	×	×	×	×
			×	×	×		
		×		×		×	
×				×		×	
				×			×
				×			

利用回溯法求解的过程是从空配置开始,在第 1 列到第 m 列为符合要求(即所配置皇后均不在同行、同列和同斜线上)的配置的基础上,再配置第 $m+1$ 列,直到第 n(棋盘大小)列配置也符合要求时,就得到一个解。接着改变第 n 列的配置,获得下一个解。都尝试完成后,再回溯到上一列,改变前一列的配置。

6. 贪婪法

贪婪法是一种不追求最优解,只希望得到较为满意的解的方法。贪婪法一般可以快速得到满意的解,因为它省去了为找最优解要穷尽所有可能而必须耗费的大量时间。贪婪法常以当前情况为基础作最优选择,而不考虑各种可能的整体情况。

平时购物找钱时,为使找回的零钱的硬币数最少,无需考虑各种可能的方案,只从最大面值的币种开始,按递减的顺序给出各币种。也就是说先尽量用大面值的币种,当大面值的币种不足时,才考虑下一种较小面值的币种。这就是在使用贪婪法。如我们现在有 1 元、5 角、1 角的硬币。当我们需要找 1 元 6 角时,按照贪婪法,应该出具 1 元、5 角、1 角的硬币各一个。事实证明,用贪婪法在找钱方面所得到的解就是最优解。这源于银行对其发行的硬币种类和面值的巧妙设计。

如果银行对发行的硬币种类和面值与我们现在实际生活中所使用的设计不同,用同样方法所得到的解就不一定是最优解了。

比如硬币设计成 8 角、5 角、1 角。当我想要 1 元钱时,按贪婪法,其解应该是一个 8 角加两个 1 角共 3 枚硬币,而真正的最优解应该是两个 5 角。

再以装箱问题为例,设有编号 0、1、$\cdots$、$n-1$ 的 n 种物品,体积分别为 v_0、v_1、$\cdots$、v_{n-1}。将这 n 种物品装到容量都为 V 的若干箱子里。最后装完这 n 种物品,所用的箱子数要少。

要想找到最优解,必须将这 n 种物品划分成小于等于 n 个子集的所有划分都找出来,耗时耗力。所以,对这个问题可以采用简单的近似方法,即贪婪法。

该算法依次将物品放到第一个能放进它的箱子中,如果不行就放到下一个箱子中,以此类推。这样虽然这个算法不能保证找到最优解,但还是能找到比较好的解,不失一般性。

按这个算法,如果有 9 种物品,体积分别为:

60,45,35,20,20,60,20,10,20

箱子的容积是 100。

那么按照贪婪法,

第一个箱子:60 35

第二个箱子:45 20 20

第三个箱子:60 20 10

第四个箱子:20

但事实上,这并不是最优解,最优解是采用 3 个箱子,其中:

第一个箱子:60 20 20

第二个箱子:60 20 20

第三个箱子:45 35 10

从中可以看出,贪婪法获得虽然不是最优解,但有些解是能够接受的,其主要优点是简单,速度快。

7. 分治法

任何一个可以用计算机求解的问题所需的计算时间都与其规模 N 有关。问题的规模越小,越容易求解。例如,对于 n 个元素的排序问题,当 $n = 1$ 时,不需要任何计算,当 $n = 2$ 时,只要做一次比较即可排好序;$n = 3$ 时则要做 3 次比较,当 n 较大时,所做的比较次数也会增多。

分治法的设计思想是,将一个难以直接解决的问题,分割成一些规模较小的相同问题,分别进行处理,并按某种规则进行合并。

如果原问题可分割成 $k(1 < k \leq n)$ 个子问题,且这些子问题都可解,并且利用这些子问题可以比较简单地得出原问题的解,那么这种分治法就是可行的。由分治法产生的子问题往往是原问题的较小模式,这样就为使用递归提供了方便。反复利用分治手段,可以使子问题与原问题类型一直同时不断缩小,最终使子问题缩小到很容易直接求出其解。分治与递归互相配合,经常同时应用在算法的设计中。

我们以循环赛日程表作为例子。设有 $n = 2k$ 个运动员要进行网球循环赛。现要设计一个比赛日程表，要求每个选手必须与其他 $n-1$ 个选手各赛一次，每个选手一天只能参赛一次，并且循环赛要求在 $n-1$ 天结束。

我们按此要求设计一个表格，在第一列中顺序填写上运动员号码，从 1 到 n，纵向的第 2 列到第 n 列代表比赛日期，分别代表第 1 天到第 $n-1$ 天。那么表格中第 i 行第 j 列的数字 x_{ij} 就代表 i 号运动员将在第 $j-1$ 天与 x_{ij} 号运动员进行比赛。

当 $k = 1$ 即只有 2 个运动员时，表格是这样的。

	1
1	2
2	1

当 $k = 2$ 即有 4 个运动员时，第 1 个比赛日中前两名选手的设置保持不变。即把上图中的小方块抄到下图中的左上角。表格是这样的：

	1	2	3
1	2		
2	1		
3			
4			

对于上图的左下角，我们把运动员 3 想象成运动员 1，运动员 4 想象成运动员 2，让他们在第一天与自己互相比赛，这样彼此都不会影响。表格是这样的：

	1	2	3
1	2		
2	1		
3	4		
4	3		

这时我们将问题转化为填写同行同列不重复的数字上来。首先左上角

中填写的数字与左下角中填写的数字没有重复。必须要保证阴影部分右上角4个格中的数字不能是1或者2。同理,必须要保证阴影部分右下角4个格中的数字中的数字不能是3或者4。这时,只需要将左上角的数字挪到右下角,左下角的数据挪到右上角即可。表格是这样的:

	1	2	3
1	2	3	4
2	1	4	3
3	4	1	2
4	3	2	1

同理,当 $k=3$ 即有 8 个运动员时,首先填好左上角和左下角。即:

	1	2	3	4	5	6	7
1	2	3	4				
2	1	4	3				
3	4	1	2				
4	3	2	1				
5	6	7	8				
6	5	8	7				
7	8	5	6				
8	7	6	5				

再把左上角的数字挪到右下角,左下角的数据挪到右上角即可。

	1	2	3	4	5	6	7
1	2	3	4	5	6	7	8
2	1	4	3	6	5	8	7
3	4	1	2	7	8	5	6
4	3	2	1	8	7	6	5
5	6	7	8	1	2	3	4
6	5	8	7	2	1	4	3
7	8	5	6	3	4	1	2
8	7	6	5	4	3	2	1

这样,把规模大的问题变成多个规模小的问题,将规模小的问题的答案进行累计,就得到了答案。需要说明的是,符合条件的对阵方案有很多种,这只是其中一种而已。

五、如何衡量解决问题的方法的复杂程度?

对于一个问题,比如从 1 加到 100,高斯的计算方法是 101 * 50,而其他小朋友的计算方法则是逐一累加。显然,我们认为高斯的方法更聪明、更简单、更省时。那么你有没有想过如何衡量一个计算机算法设计的好坏呢?

通常求解一个问题可能会有多种算法可供选择,选择的主要标准是算法的正确性和可靠性,简单性和易理解性。其次是看算法所需要的执行是否更快、存储空间是否更少等。简单地说,算法复杂性是衡量解决问题的方法是否便捷的一个指标。算法分析的目的是预测算法的行为,特别是运行时间。在这里,算法的运行时间与计算机本身无关,只与问题的规模、算法的输入数据和算法本身有关。

算法的复杂性 = 时间复杂性 + 空间复杂性

其中,时间复杂性是指算法运行需要时间资源的量,空间复杂性是指算法运行需要空间资源的量。由于现代计算机的存储容量大大增加,所以,人们更关注时间复杂性,也就是算法的耗时。

一个算法执行所耗费的时间,从理论上是不能算出来的,必须上机运行测试才能知道。但我们不可能也没有必要对每个算法都上机测试,只需知道哪个算法花费的时间多,哪个算法花费的时间少就可以了。并且一个算法花费的时间与算法中语句的执行次数成正比,哪个算法中语句执行次数多,它花费时间就多。一个算法中的语句执行次数称为语句频度或时间频度。记为 $T(n)$。

当 n 不断变化时,时间频度 $T(n)$ 也会不断变化。若有某个辅助函数 $f(n)$,使得当 n 趋近于无穷大时,$T(n)/f(n)$ 的极限值为不等于零的常数,则

称 $f(n)$ 是 $T(n)$ 的同数量级函数。记作 $T(n) = O(f(n))$，称 $O(f(n))$ 为算法的渐进时间复杂度，简称时间复杂度。

常见的时间复杂度，按数量级递增排列依次为：常数阶 $O(1)$、对数阶 $O(\log 2n)$、线性阶 $O(n)$、线性对数阶 $O(n\log 2n)$、平方阶 $O(n^2)$、立方阶 $O(n^3)$、k 次方阶 $O(n^k)$、指数阶 $O(2^n)$。

六、数据以及数据之间的关系就是数据结构

计算机科学是一门研究用计算机进行信息表示和处理的科学。这里面涉及到两个问题：信息的表示和信息的处理。

信息的表示又直接关系到处理信息的程序的效率。举个例子，信息就好比你家里的图书，而处理就好比你对你的图书的管理。如果你把你的图书整齐地摆放并按照用途分类，比如教科书、课外辅导书、课外读物等，那么在你寻找某本书时，就可以很方便地找到。与此相反，如果你把家里的图书随意放置，沙发上、床上、桌子上到处都是，那么当你需要某本书时，可能就不那么容易找到了。

随着计算机的普及、信息量的增加、信息范围的拓宽，许多系统程序和应用程序的规模很大，结构变得相当复杂。因此，为了编写出一个"好"的软件程序，就必须要好好地分析待处理的信息的特征及各类信息之间存在的关系，也就是数据结构。

数据结构总地来说大体分为顺序表、链表、矩阵、堆栈、队列、树等。下面我们用几个典型的例子进行说明。

顺序表

由 n 个数据元素组成的有限序列就是线性表。

比如近 5 年来你的体重是：(40kg,42kg,43kg,46kg,48kg)

近 5 年来你的身高是：(160,162,166,170,171)

期末考试你的各科成绩分别是：(78,88,90,89,92)

课间操女生队排队顺序：(张丽、李萍、殷虹、王冰、苏可、赵丽丽)

顺序表在计算机中通常采用数组来表示。它的表示和获得都比较简单。

顺序表需要占用一片固定的内存空间。比如说，要存储课间操排队顺序时，就要设定好你需要存储多少个人，比如 40 个。设定好后，一旦超过这个数值，计算机就无法处理了。另外，当班级里出现了转学来的同学，需要插入到这个序列中的话，假设数组长 18，该同学的身高需要排在第 5 位，那么后面的 14 位同学的存储位置都要后移，比较麻烦。为解决这样的问题，就有了链表这一数据结构。

链表

如果事先知道一个顺序表占用空间的大小，那么用数组描述（顺序存储结构）是最简洁的。但是，大多数应用例子表明无法预先给定一个记录数的上限，那样非常不经济。

链表采用有一个用一个的方法，因此在存储上每个节点要多存一个位置信息。还以女生队为例，排 1 位的女生来了，向计算机内存管理系统申请一个记录节点所需的空间，该空间不仅要存储该女生的名字，还将存储下一个女生在计算机内存中的位置。那么上面的例子将会变为

位置 1：（张丽，2）

位置 2：（李萍，3）

位置 3：（殷虹，4）

位置 4：（王冰，5）

位置 5：（苏可，6）

位置 6：（赵丽丽，7）

……

位置 18：（郭艳，）

这样，如果新来了个同学张阳，按身高她应该排在第 5 位，这时，计算机将再分配给她一个空间，存储其名字和她后面的同学的位置信息，她的位置为 19，将位置 4 上的节点的位置信息改为 19，而位置 19 的下一节点位置信息改为 5。这样就完成了链表的插入。

那么上述存储将变为：

位置1：(张丽,2)

位置2：(李萍,3)

位置3：(殷虹,4)

位置**4**：(**王冰**,**19**)

位置5：(苏可,6)

位置6：(赵丽丽,7)

······

位置18：(郭艳,NULL)

位置**19**：(**张阳**,**5**)

所有记录因为当前节点记录了下一节点的位置而被串起来，形成一个链。

上述链表叫单链表。此外还有单循环链表。在单链表中，将终端结点的指针域NULL改为指向表头结点的或开始结点的位置，就得到了单链形式的循环链表，并简单称为单循环链表。

既然有单链表，那是不是也有双链表呢？没错，双链表除了在每个记录中增加对下一个节点的位置信息的存储之外，还增加了对前一个节点的位置信息的记录。

栈

栈(Stack)是限制在表的一端进行插入和删除运算的线性表，通常称插入、删除的这一端为栈顶(Top)，另一端为栈底(Bottom)。当表中没有元素时称为空栈。

想象一下，如果厨房里有一摞盘子，当你要找某个盘子时，就只能从这摞盘子的最上面一个一个拿下来看看是不是你要找的，等找到之后，再把盘子一个一个的摞上去。这就是典型的栈。栈的特点是"后进先出"，如下图所示。

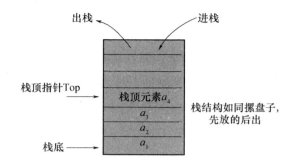

栈是操作受到一定限制的线性表,即元素只能在栈顶进出栈。既然堆栈是线性表结构,其存储结构也如同线性表,也有顺序存储与链式存储之分。

队列

队列(Queue)是一种运算受限的线性表。它只允许在表的一端进行插入,而在另一端进行删除。允许删除的一端称为队头(Front),允许插入的一端称为队尾(Rear)。

排队购物是典型的队列结构,排在前面的顾客先购买,买完后先走。队列的特点是"先进先出"。

队列的存储结构也有顺序存储与链式存储之分。队列和栈的区别在于,队列的元素只能在队列的一端进,另一端出。所以,队列也是操作受限的线性表结构。

树

树型结构是一类重要的非线性结构。树型结构是结点之间有分支,并且具有层次关系的结构,它非常类似于自然界中的树。树结构在客观世界是大量存在的,例如家谱、行政组织机构都可用树形象地表示。树在计算机领域中也有着广泛的应用,例如在编译程序中,用树来表示源程序的语法结构;在数据库系统中,可用树来组织信息;在分析算法的行为时,可用树来描述其执行过程等。

树只有一个根节点,并且每个节点(包括根节点)都有 0 个或多个子节点。不同节点的子节点之间互不相交。如下图所示。

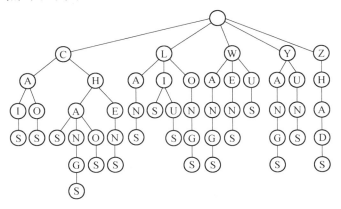

二叉树是子节点数小于等于 2 的树,在树结构的应用中起着非常重要的作用,因为涉及二叉树的许多操作算法很简单,而任何树都可以与二叉树相互转换,这样就解决了树的存储结构及其运算中存在的复杂性。下图就是一棵二叉树。

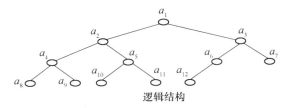

逻辑结构

二叉树既可以采用数组来表示,也可以采用链表表示。

七、如何进行简单的数据排序?

所谓排序,就是使一串记录,按照其中的某个或某些关键字的大小,递增或递减排列起来的操作。排序算法,就是完成排列的方法。排序算法在很多领域得到应用,是最基本的算法。

常用的排序算法有插入排序、冒泡排序、堆排序等,下面介绍几个常见的排序方法。

1. 插入排序——直接插入排序

现将序列中第一个数取出,形成一个长度为 1 的序列,将第二个数取出,与第一个数进行比较,按大小放在其前面或者后面。然后再顺序从原序列中一个个地取出记录,一个个地插入,最终形成一个新序列。

示例:

25　36　12　98　6　34　24　72

新序列:25

```
        25   36
        12   25   36
        12   25   36   98
        6    12   25   36   98
        6    12   25   34   36   98
        6    12   24   25   34   36   98
        6    12   24   25   34   36   72   98
```

2. 插入排序——希尔排序

希尔排序是 1959 年由 D. L. Shell 提出来的,相对直接排序有较大的改进。它不是根据相邻记录的大小进行比较和交换,而是把总长度为 n 的待排序序列以步长 $d_i = \dfrac{n}{2^i}$ 进行分割,间隔为 d_i 的元素构成一组,组内用直接插入或者是选择插入法排序。下标 i 是第 i 次分组的间隔,$i = 1, 2 \cdots$。随着间隔 d_i 的不断缩小,组内元素逐步增多,但因为是在 d_{i-1} 的有序组内基础上新增待排元素,所以比较容易排序。

示例:

25　36　12　98　6　34　24　72

$i = 1$　　$d_1 = 4$　　　(25 和 6 一组,36 和 34 一组,12 和 24 一组,98 和 72 一组)

　　　　　　6　34　12　72　25　36　24　98

$i = 2 \quad d_2 = 2$ （6、12、25、24 一组，34、72、36、98 一组）

6   34   12   36   24   72   25   98

$i = 3 \quad d_3 = 1$ （所有数组一组）

6   12   24   25   34   36   72   98

3. 选择排序——简单选择排序

在要排序的一组数中,选出最小(或者最大)的一个数与第 1 个位置的数交换;然后在剩下的数当中再找最小(或者最大)的与第 2 个位置的数交换,依次类推,直到第 $n-1$ 个元素(倒数第二个数)和第 n 个元素(最后一个数)比较为止。

简单选择排序的示例:

      25 36 12 98 6 34 24 72

第一次:6 36 12 98 25 34 24 72

第二次:6 12 36 98 25 34 24 72

第三次:6 12 24 98 25 34 36 72

第四次:6 12 24 25 98 34 36 72

第五次:6 12 24 25 34 98 36 72

第六次:6 12 24 25 34 36 98 72

第七次:6 12 24 25 34 36 72 98

4. 交换排序——冒泡排序

在要排序的一组数中,对当前还未排好序的范围内的全部数,自上而下对相邻的两个数依次进行比较和调整,让较大的数往下沉,较小的往上冒。即:比较两相邻的数,如果发现它们的排序与要求相反,就将它们互换。

冒泡排序的示例:

      25 36 12 98 6 34 24 72

第一次:25 12 36 6 34 24 72 98

第二次:12 25 6 34 24 36 72 98

第三次:12 6 25 24 34 36 72 98

第四次:6 12 24 25 34 36 72 98

第三章
软件的生产工艺

 一、软件可不是那么容易的——让人头疼的软件危机

　　软件产业的发展涉及软件技术的进步、软件应用域的拓宽、软件生产方式的改进，其犹如三匹骏马，拉动着软件在产业化大道上奔驰。

　　程序设计时代是软件发展的早期阶段，这时的软件仅体现为程序。一般使用密切依赖于某特定计算机硬件的机器语言或汇编语言，直接面对机器编制。因此，这时的程序很难由一台设备移植到另一台设备。这时的程序主要用于科研机构的科学工程计算，与老百姓的生活无关。设计中通常没有设计文档的支持，而且程序的任务单一、规模小、结构简单，其主要设计问题是程序算法改进。这时的程序还没有成为产品，程序编制者大多就是程序使用者，基本上是个人设计、个人使用、个人操作、自给自足的个性化的软件生产方式。实际上，由于缺乏统一的程序标准，设计者完全可按照自己对问题的理解去构造程序，目标则是实现功能与追求高性能，硬件是唯一需要重视的条件限制。

　　程序系统时代即20世纪60年代是软件产业发展的关键阶段，这时的计算机无论硬件还是软件都出现了显著的进步。体现计算机硬件指标的半导体材料、集成电路迅速发展，并获得了很有效的应用，其不断改善计算机的计算速度、可靠性和存储容量。计算机软件也在迅速发展，高级程序语言获得了有效应用,其提高了编程效率,并方便了大规模复杂程序系统的创建。操作系统也在这个时期出现了,其有效地改善了软件的工作环境,并使软件具有很好的可移植性。程序系统时代的技术进步有力地推动了计算机应用的发展。一些大型商业机构开始使用计算机进行商业数据处理。应该说,这个时代的软件需求在飞速增长,软件规模也在不断扩大。软件作坊在这个时期应运而生,它们专业从事软件生产,以满足迅速膨胀的软件需求。

当时软件的生产具有个性化的特点,开发工具落后,开发平台单一,程序设计语言功能差。尤其是软件维护的工作,耗费大量的人力、物力和计算机资源,许多程序的个性化特性使得它们无法修改和维护。有的干脆废弃原有系统不用,从头编写新软件。与此同时,软件的规模越来越大,结构越来越复杂,软件管理和维护困难,开发费用不断增加,这种软件开发技术、开发工具和生产方式落后的状况与计算机应用迅速普及和对软件的需求日益增加形成了尖锐的矛盾,由此而生产了"软件危机"。软件作坊带来了不同于个人开发的工业化软件产品,但仅仅只是工业化软件生产的起步,成员合作需要依赖的行为准则、技术标准并没有建立起来,以致产品随意性大、质量难以保证。

软件危机的产生使计算机软件专家认识到软件开发必须以新的方法作指导,原有的软件开发方法必须改变,他们决定把工程技术的思想引入软件开发领域,使软件开发走上了工程学科的途径,以摆脱日益严重的软件危机。

软件危机的出现,使得人们去寻找产生危机的内在原因,发现其原因可归纳为两方面:一方面是因为软件生产本身存在着复杂性,另一方面与软件开发所使用的方法和技术有关。

于是,美国和西欧的一些科学家在 1968 年的 NATO(北大西洋公约组织)会议上第一次提出了"软件工程"这个名词,从此,软件工程作为一门学科正式诞生,人们开始了软件工程的研究。

软件工程正是为克服软件危机而提出的一种概念,并在实践中不断探索其原理、技术和方法。在此过程中,人们研究和借鉴了工程学的某些原理和方法,并形成了一门新的学科——软件工程学,但可惜的是至今人们并没有完全克服软件危机。

二、软件工程的由来

是否能用建筑工程的思想来制作软件?

软件工程诞生于 20 世纪 60 年代末期,它作为一个新兴的工程学科,研究软件生产的客观规律性,建立与系统化软件生产有关的概念、原则、方法、技术和工具,指导和支持软件系统的生产活动,以期达到降低软件生产成本、改进软件产品质量、提高软件生产率水平的目标。软件工程学从硬件工程和其他人类工程中吸收了许多成功的经验,明确提出了软件生命周期的模型,发展了许多软件开发与维护阶段适用的技术和方法,并应用于软件工程实践中,并且取得良好的效果。

在软件开发过程中人们开始研制和使用软件工具,用以辅助进行软件项目管理与技术生产,人们还将软件生命周期各阶段使用的软件工具有机地集合成为一个整体,形成能够连续支持软件开发与维护全过程的集成化软件支撑环境,以期从管理和技术两方面解决软件危机问题。

此外,人工智能与软件工程的结合成为20世纪80年代末期活跃的研究领域。基于程序变换、自动生成和可重用软件等软件新技术研究也已取得一定的进展,把程序设计自动化的进程向前推进一步。在软件工程理论的指导下,发达国家已经建立起较为完备的软件工业化生产体系,形成了强大的软件生产能力。软件标准化与可重用性得到了工业界的高度重视,在避免重用劳动、缓解软件危机方面起到了重要作用。

软件工程是一门研究工程化方法构建和维护有效的、实用的和高质量的软件的学科,是软件产业发展的必由之路。软件工程采用系统工程学和管理学相结合的原理、方法和技术来指导、管理和实施软件的各个活动,包括软件开发、运行、维护和服务等。软件工程代表性定义为:是一种工程形式,它运用计算机科学和数学原理,针对软件问题获得一种经济有效的解决方案,用系统的、规范的、可度量的方法,开发、运行和维护软件。软件工程的基本目标是高质量和生产力。

软件项目前期的需求分析和设计需要建模,建模需要工具和语言支撑。从1989年到1994年间,面向对象建模语言的数量从不到10种增加到50余种。虽然每种建模语言的创造者都在努力推广自己的方法,并在实践中不断完善,但是面向对象方法的用户并不了解不同建模语言的优缺点及他们之间的差异,面向众多的建模语言很难在实际工作中选择最适合其应用特点的建模语言,于是人们呼唤一种统一的建模语言。1994年开始,开始统一建模语言的研究,1995年,面向对象工程方法的创始人也开始从事这项工作。经过共同努力,1996年推出了统一建模语言,对象管理组织对UML研究和应用给予了很大的支持,并在1997年11月经修改过几次,UML正式作为基础面向对象技术的标准建模语言,此后,UML一直没有停止前进的步伐,不断推出新的版本,目前已成为可视化建模语言的工业标准。

1990 年,在基于面向对象技术的基础上发现了构件技术,它丰富重用手段和方法,逐渐成为了研究的热点。例如敏捷技术、重构技术等一些新型软件工程方法也相继进入研究及应用领域。

2001 年 2 月,由 17 位在 DSDM、XP、Scrum、FSD 等领域的专家组成的代表团齐聚美国犹他州,制定并宣布了敏捷开发宣言,成立敏捷联盟。

敏捷开发是一种以人为核心、迭代、循序渐进的开发方法。在敏捷开发中,软件项目的构建被切分成多个子项目,各个子项目的成果都经过测试,具备集成和可运行的特征。简言之,就是把一个大项目分为多个相互联系,但也可独立运行的小项目,并分别完成,在此过程中软件一直处于可使用状态。

目前使用广泛的敏捷开发方法有极限编程(XP)、Scurm 开发、精益开发(Lean Development)、动态系统开发方法(DSDM)、特征驱动开发(Feature Driver Development)、水晶开发(Cristal Clear)等。

极限编程(XP):主要是降低需求变化的成本,定义了一套简单的开发流程,包括编写用户案例、架构规范、实施规划、迭代计划、代码开发、单元测试、验收测试等。

Scrum 开发:是一种灵活的软件管理过程,它提供了一种经验方法,可以帮忙你迭代,实现递增的软件开发过程。它具有迅速、有适应性、自组织的特点,使得团队成员能够独立地集中在创造性的协作环境下工作。Scrum 以英式橄榄球争球队形(Scrum)为名,有明确的最高目标,熟悉开发流程中所需要的技术,具有高度自主权,紧密地沟通合作,确保每天、每个阶段都朝向目标有明确的推进。Scrum 开发流程通常以 30 天(或者更短的一段时间)为一个阶段,由客户提供新产品的需求规格开始,开发团队与需求方于每一个阶段开始时挑选该完成的规格部分,开发团队必须尽力于 30 天后交付成果,团队每天用 15 分钟开会检查每个成员的进度与计划,了解所遭遇的困难并设法排除。

敏捷开发过程中几点原则和实践,包括:

　　迭代开发和增量交付,并且进行持续集成。敏捷开发的整个开发过程被分为几个迭代周期,每个迭代周期都较短,通常为一到六周。产品是在每个迭代周期结束时就被逐步交付使用,每次交付的都要是可以被部署到用户应用环境中被用户使用的、能给用户带来即时效益和价值的产品。新的功能或需求变化总是尽可能快速地被整合到产品中。

　　用户也积极参与到软件开发过程中。一般情况下,软件开发只有在整个软件开发过程的几个里程碑拿到客户那去验收。但敏捷开发不同,敏捷开发方法主张用户能够全程参与到整个开发过程中。这样用户对产品的意见能够被动态管理并及时集成到产品中。

　　开发团队自我管理:一般软件开发过程制定明确的计划,要求程序员在预设的时间内完成项目经理分配的任务,从而保证项目的执行。敏捷项目强调建设自组织团队,以人为中心建立开发的过程和机制,而非把过程和机制强加给人。敏捷团队紧密合作,同心协力,主动承担责任,竭尽所能去完成工作,响应各种变化。

　　软件开发经常采用结对编程。同样一个任务,安排两个人一起完成,这个是共享经验和专长的极致体现。

　　站立会议。在敏捷团队中,大家每天进行短时间的会议,站着彼此交流自己完成什么,遇到了什么问题,明天计划如何,保持了快速高效的节奏。

三、如何生产软件？

软件开发过程一般分为以下 6 个阶段：

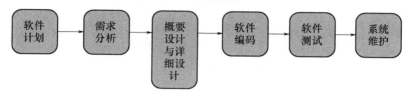

1. 软件计划

任何事情开始之前都要进行计划。软件是一个复杂工程，就更需要进行计划了。软件计划包括一系列的内容，需要对所要解决的问题进行总体定义，包括了解用户的要求及现实环境，从技术、经济和社会因素等多个方面研究并论证软件项目的可行性，编写可行性研究报告，探讨解决问题的方案，并对可供使用的资源（如计算机硬件、系统软件、人力、人力的经验等）成本，可取得的效益和开发进度作出估计，制订完成开发任务的实施计划。合理的软件开发计划需要依赖项目经理的丰富经验和已有的知识积累。遗憾的是，由于对风险的预期和控制不足，软件往往会偏离软件的计划。

2. 需求分析

软件需求分析是软件工程中非常重要的一个阶段。就是回答做什么、做成什么样子的问题。通常情况下，由于从事专业不同，用户往往很难对自己想要的东西有准确的表达，因此，软件的需求分析是一个对用户的需求进行分析提炼、去粗取精、去伪存真、正确理解，然后把它用以软件需求规格说明书的形式表达出来的过程。需求分析的主要方法有结构化分析方法、数据流程图和数据字典等方法。

需求分析是一项重要的工作，也是比较困难的工作，需要参与人员方法思路清晰得当、行业经验丰富、沟通表达力强。该阶段工作有以下特点：

（1）用户与开发人员由于具有不同的知识背景，难以进行充分的沟通交流。在软件开发过程中，其他几个阶段都是面向软件技术问题，只有本阶段是面向用户的。需求分析是对用户的业务活动进行分析,明确在用户的业务环境中软件系统能够实现什么样的功能。用户往往提出一些在开发人员看来"可笑"的问题,比如"网页要做成双面的"、"我要通过这个软件知道竞争对手的经营活动","我想通过软件知道谁不好好工作"等,这些统统都源于用户对软件的不了解。同样地,业务分析员们基于自己的计算机背景,说出的话也可能不为业务人员所理解。所以,现在从事需求分析工作的人往往都具备丰富的行业知识,有的软件需求方还专门设立了需求分析部以解决沟通障碍问题。

（2）用户的需求是很难一下子描述得很清楚的。如同你凭空描述你想要的沙发的样子,木匠做出来的很有可能并不是你想要的,或者一些细节你并不满意,需要再做修改。对于一个复杂的软件系统,用户很难或者说肯定不能精确完整地提出它的功能和性能要求。所以一开始只能提出一个大概、模糊的功能,只有经过长时间的反复认识才逐步明确。有时进入到设计、编程阶段才能明确,更有甚者,到开发后期还在提新的要求。这无疑给软件开发带来困难。面对这个问题,有两个流派,一个流派主张在需求阶段竭力确定软件需求,确定之后请用户签字,以保证减少需求的变化。另一个流派通过改变软件过程来适应这种变化,简单地说就是确认一点、完成一点、不行再改。

（3）系统变更的代价巨大。需求分析是软件开发的基础。假定在该阶段发现一个错误,解决它需要用一小时的时间,如果没有被解决而被拖延到设计、编程、测试和维护阶段,则要花数倍的时间,越往后时间越长。因此,无论是上述哪种流派,都要有很好的需求管理方法。

需求分析常用的调查方法有:

（1）开研讨会:研讨会是主要的需求调查方法,通过与用户座谈来了解业务活动情况及用户需求。座谈时,参加者之间可以相互启发。

（2）咨询:对某些调查中的问题,可以找专人询问。

（3）原系统分析:有时,原有运行的老系统由于各方面的不足要废弃,在对新系统进行需求分析时,需要对原系统进行分析。

（4）设计调查表：如果调查表设计得合理，这种方法是很有效的，也很易于为用户接受。

（5）跟班作业：通过亲身参加业务工作来了解业务活动的情况。这种方法可以比较准确地理解用户的需求，但比较耗费时间。

3. 设计

软件设计的主要任务就是将软件分解成模块。模块是指能实现某个功能的数据和程序说明、可执行程序的程序单元。模块可大可小，可以是一个函数、过程、子程序、一段带有程序说明的独立的程序和数据，也可以是可组合、可分解和可更换的功能单元。软件设计可以分为概要设计和详细设计两个阶段。概要设计就是结构设计，其主要目标就是给出软件的模块结构，用软件结构图表示。详细设计的首要任务就是设计模块的程序流程、算法和数据结构，次要任务就是设计数据库，常用方法还是结构化程序设计方法。

简单地说，如果设计一个桌子，概要设计就是画出草图，描述桌子由几部分组成，比如1个桌面和4个桌腿；详细设计就是描述每个组成部分的长短尺寸,以及彼此之间如何组合。

4. 编码

软件编码是指把软件设计转换成计算机能够理解的用计算机编程语言编写的程序,其成果物为"源程序清单"。这就要求程序员充分了解软件开发语言、工具的特性和编程风格,以保证软件产品的质量。

当前软件开发除在专用场合,已经很少使用20世纪80年代的高级语言了,取而代之的是面向对象的开发语言。而且目前开发环境功能强大,大大提高了开发的速度。Eclips 是目前 Java 语言开发采用较多的开发环境。

软件开发还需要制定开发规范,从而保证软件的质量。

5. 测试

软件测试的目的是发现软件错误,从而进行修正。软件测试相当于足球队中的守门员,是软件质量保证的最后屏障。要实现这个目标的关键在于设计有效测试用例(测试数据和预期的输出结果组成了测试用例)、利用良好的测试工具、具有一定的测试经验。不同的测试方法有不同的测试用例设计方法。两种常用的测试方法是白盒和黑盒。白盒的测试对象是源程序,依据的是程序内部的的逻辑结构来发现软件的编程错误、结构错误和数据错误。黑盒在不考虑程序内部结构和内部特性的情况下,只检查程序功能是否能够按照需求规格说明书的规定正常使用。

6. 软件维护

软件开发完成经测试、并交付使用以后,就进入了软件运维阶段。运维就好比物业公司为你的家提供的一系列保障服务。软件运维的时间要比软件开发的时间长,一些大型应用软件的寿命在 10 年左右,也就是说要进行10 年的运行维护。同时,一些行业应用软件的更新换代也在加快,可能会在3~5 年。总地来说,软件从上线开始,就进入了维护期,直到它退役为止。维护期间的主要工作包括排除故障、扩展功能、提高性能等。

在实际开发过程中,软件开发并不是从第一步进行到最后一步,它通常是一个增量的、螺旋上升的过程。在任何阶段,在进入下一阶段前一般都有一步或几步的回溯。

四、软件中隐藏的问题叫 Bug

软件中隐藏的问题叫 Bug,有人说,软件测试就是在寻找软件中的 Bug,那么我们有必要搞清楚什么是 Bug。Bug 在英语里是"小虫子"的意思,现在泛指计算机硬件或软件的错误。硬件的出错有两个原因,一是设计错误,二是硬件老化失效。软件的错误则全是程序编写错误。用户可能会执行不正确的操作,比如本来是做加法但按了减法键,这样用户会得到一个不正确的结果,但不会引起 Bug 发作。软件厂商在设计产品时的一个基本要求,就是不允许用户做非法的操作。只要允许用户做的,都是合法的。

今天的计算机 Bug 之多,是令人难以置信的。据计算机业界媒体报道,微软 Windows 98 操作系统更改了 Windows 95 里面 5000 多个 Bug。这些 Bug 会在某些特定的场合跳出来,影响我们的操作,比如引起计算机死机、蓝屏等。

软件越来越庞大复杂,Bug 就难以避免,大型软件尤其难以按时按预算完成。

软件的 Bug,狭义概念是指软件程序的漏洞或缺陷,广义概念除此之外还包括测试工程师或用户所发现和提出的软件可改进的细节,或与需求文档存在差异的功能实现等。从广义上讲,软件出现 Bug 的原因多种多样,有可能是程序员编码时出现的错误;也可能是对业务流程的分支考虑不全面,比如在网上购买图书时,系统不支持对不同图书配送不同的地方,只能分开结账;也可能是对边界情况的处理不到位,比如千年虫问题,采用两位数表示年,造成 2000 年被表示成 00,与 1999 年的差额变成了 –99,而不是正确的 1。

任何软件在发布时都不可能是绝对没有 Bug。CMM(能力成熟度模型)在软件过程管理中规定了量化的质量标准要求,CMM1 级的企业,其千行源码 Bug 个数不高于 11.95 个;CMM2 级的企业,其千行源码 Bug 个数不高于 5.52 个;CMM3 级的企业,其千行源码 Bug 个数不高于 2.39 个;CMM4 级的企业,其千行源码 Bug 个数不高于 0.92 个;CMM5 级的企业,其千行源码 Bug 个数不高于 0.32 个。

同样都是错误,不同的错误造成的危害不同,起床晚一点可能仅仅会导致你上学迟到;在宇宙飞船中一个错误就有可能导致可怕的后果。因此,按 Bug 严重程度的不同,Bug 被分为 5 级。

1 级 Bug,通常都是致命错误。比如需求书中的重要功能未实现,并且不能通过其他方法实现功能;比如买了书不能支付;系统崩溃、死机、常规操作造成程序非法退出、死循环、通信中断或异常,数据破坏丢失或数据库异常,且不能通过其他方法实现功能的。试想,假如你辛苦半天编写的文档,因为软件 Bug 居然没有了,而且不能恢复,这得是多令人崩溃的事情呀,因此,这属于 1 级 Bug。

2 级 Bug 是严重错误,通常使系统不稳定、不安全,或破坏数据,或产生错误结果,而且是常规操作中经常发生,包括:重要功能不能按正常操作实现,但可通过其他方法实现,比如买了书结算后,在页面中无法付款,但是系统提供了单独的支付功能,退出结算界面后,进入支付页面,自己输入结算的金额,也能实现支付(好麻烦!);错误的波及面广,影响到其他重要功能正常实现,如密码明文显示(虽不影响使用,但极不安全)等。

3 级 Bug 指一般错误程序,程序主要功能运行基本正常,但是存在一些需求、设计或实现上的缺陷;次要功能运行不正常,包括:次要功能不能正常实现,比如买书系统中买完后不能实时看到快递进度;操作界面错误(包括数据窗口内列名定义、含义不一致);打印内容、格式错误;查询错误,数据错误显示;简单的输入限制未放在前台进行控制,如在网站注册用户时,待输入所有信息后才提示用户名已被占用;删除操作未给出提示,导致用户误操作增多等。

4级Bug指细微错误程序。包括在一些显示上不美观,不符合用户习惯,或者是一些文字的错误,如:界面不规范,显示又宽又长,用户观看不方便;辅助说明描述不清楚;输入输出不规范;长操作未给用户提示,导致用户不知道进度;可输入区域和只读区域没有明显的区分标志,造成用户混乱;界面存在文字错误等。

5级Bug是指改进建议。即可以提高产品质量的建议,包括新需求和对需求的改进。比如电子商务网站中关注某商品后,能够自动推荐类似商品,或推荐与其搭配的商品。这样,当你买了T恤之后,就会有适合你的牛仔裤推荐给你了。

五、软件测试就是捉虫

测试的英文单词叫Test,测试包括硬件测试和软件测试,据牛津英语大辞典记载,"Test"一词来源于拉丁语"Testum",原意是罗马人使用的一种陶罐,在当时用它来评估像稀有金属矿石这样的材料的质量。从中我们可以看出,测试和产品质量的联系是很紧密的。

软件测试的概念有广义概念和侠义概念之分。

广义概念:指软件生存周期中所有的检查、评审和确认工作,其中包括了对需求分析、设计阶段以及完成开发后维护阶段的各类文档、代码的审查和确认。

狭义概念:识别软件缺陷的过程,即实际结果与预期结果的不一致。

测试的目的就是发现软件中存在的各种缺陷,测试只能证明软件存在缺陷,不能证明软件不存在缺陷,测试可以使软件中缺陷降低到一定程度,但不是彻底消灭。软件测试不能无限度,要尽量以较少的用例、时间和人力找出软件中的各种错误和缺陷,以确保软件的质量。

让我试试这个APP。

为了尽可能地发现错误,软件公司通常有专业的测试团队来进行测试。

如果你要测试一个保温杯能否在北极用于科考,那就需要建设一个类似北极的环境,再在保温杯里注入热水,在若干时间后打开检验。我们测试一个软件的第一件步,通常就是搭建用来运行软件的测试环境,简单地说,软件测试环境就是软件运行的平台,即硬件、软件和网络的集合。

我们搭建的测试环境要尽量模拟用户的真实使用环境。同时,测试环境中尽量不要安装与被测软件无关的软件。测试工作应该确保在无计算机病毒的环境中进行。我们要求测试环境干净,尽量不要安装其他无关的软件,但是最好要安装杀毒软件,以确保系统没有病毒。

除此之外,测试环境与开发环境应该相互独立。就是说开发环境和测试环境最好分开,即测试人员和开发人员分别用不同的服务器(数据库、后台服务器等),避免造成相互干扰。

除此之外,还应有测试用例。测试用例,英文为 Test Case,缩写为 TC,指的是在测试执行之前设计的一套详细的测试方案,包括测试环境、测试步骤、测试数据和预期结果。简单用一个等式来表示:测试用例 = 输入 + 输出 + 测试环境 其中,"输入"包括测试数据和操作步骤;"输出"指的是期望结果;"测试环境"指的就是系统环境设置。

测试用例设计有一些技巧,比如

（1）等价类划分法：把全部输入数据合理划分为若干等价类，在每一个等价类中取一个数据作为测试的输入条件，就可以用少量代表性的测试数据，取得较好的测试结果。

（2）边界值分析法：边界值分析方法是对等价类划分方法的补充。测试工作经验表明，大量的错误是发生在输入或输出范围的边界上，而不是发生在输入输出范围的内部。因此针对各种边界情况设计测试用例，可以查出更多的错误。

（3）错误推测法：是根据经验和直觉来推测程序中所有可能存在的错误，从而有针对性地设计测试用例的方法。错误推测方法的基本思想：列举出程序中所有可能有的错误和容易发生错误的特殊情况，根据他们选择测试用例。

还有其他一些因果图、正交表分析、场景分析等方法。

 # 六、千年虫问题

1945 年，世界上出现了第一台电子数字计算机，那时人们称年号时，习惯称后两位，导致计算机里对年号的设置只是两位数。进入 2000 年时，计算机时间的处理中，对年号 +1 就成了 00 年，2000 年被默认为是 1900 年，计算机要不就认为这是 100 年前的时间，要不就无法识别这个时间，从而软件运行出错或干脆无法运行，例如："991231" 被识别为 1999 年 12 月 31 日，但是 "000208" 是 1900 年 2 月 8 日还是 2000 年 2 月 8 日？所以用 6 位存储日期产生的另一个问题是日期数据的排序问题，在以日期字段为索引键时，当 2000 年到来后，索引顺序就会出现错误。这就是著名的千年虫问题。

"千年虫"影响是巨大的，千年虫问题受到广泛的重视，是因为它产生的后果非常严重，银行将不能正确计算储户存款的日期和利息，保险公司不能正确处理保单，飞机轮船会造成导航系统失灵，电力公司控制系统停止运行等，足以造成世界的混乱，千年虫问题是一个影响十分广泛的问题，几乎所有用到电脑的地方都会存在这个问题,它迫使人们投入大量的人力、物力资源来解决该问题。

美国政府对解决"千年虫"问题十分重视,联邦政府和国会都设有专门机构,负责指挥和监督这一工作的实施。1991 年 1 月 19 日 ,美国总统克林顿在国会发表《国情咨文》时呼吁地方政府和企业界同联邦政府合作,在进入新世纪前解决"千年虫"问题。根据估计,单是政府为解决"千年虫"问题投入的资金就高达 64 亿美元。为了解决军事电脑中"千年虫"问题,美国政府在制定 1999 年度防务预算时,为此增加了军事开支。到 1998 年 12 月 31 日,美国国防部 81% 的执行"关键使命"的电脑系统已经解决千年虫问题。由于政府重视,再加上技术超群,经费充足,美国是在解决"千年虫"问题方面做得最好的国家。

解决千年虫问题的技术归纳起来分为两大类:一类是既需要转换原有数据又需要修改程序的方法;一类是不改变数据存储结构或定义而只修改程序的方法,它们各有特点并适应不同用途的系统。

总地来说,由于应对及时,措施得当,千年虫问题并没有给各国带来太多困扰,大家都顺利地度过了 2000 年。

第四章
不一样的开源社区

 一、软件是多人完成的,这些人有可能是互相都不认识的呀

前面介绍了,由于软件的编写比较复杂,需要不同岗位、不同职责的人员协同工作,因此,就产生了软件工程,专门研究软件如何组织管理的。

奇妙的是,在软件业诞生了开源软件。开源软件通过开源社区使得一些彼此不认识的人通过社区这一平台协同工作,而且这些在社区中工作的程序员,是不收取任何报酬的,很奇怪吧!!

　　所谓开源软件（Open Source Software，OSS），就其字面意义便是将软件源代码向公众开放的软件，也有人将之称为免费/自由/开放软件（Free/Libre/Open Source Software，FLOSS）。这些含义类似，在此不再赘述。借助网络平台，许多软件开发爱好者根据自身兴趣或需要，自发组织成团队并进行无偿的开发活动，生成的软件代码按开源协议许可的方式，在因特网上免费供人使用和修改，并寻求使用者提供评价和改进意见。这种开发者和用户协同参与的软件开发行为构成了开源软件项目，简称开源项目。"开源"的影响越来越大，在 IT 领域受到广泛关注。它指代着一系列源代码向公众开放的软件产品以及与之相关的开发活动。免费、共享、开放，这些开源运动所提倡的自由精神曾激励着大批软件精英加入到开源工作中，随着进一步发展，大型商业软件公司嗅出了开源软件的商机，也纷纷加入到开源软件运动中，并创新出开源的商业模式。开源社区已经开发出诸如 Linux，Apache，Firefox，MySQL 等许多如今在软件市场上独占鳌头的优秀软件，不少热衷软件个性化功能的高端用户也积极参与到开源中，基于开源软件的应用不断更新，其中不乏支持大规模用户的电子商务软件。总地来说，开源运动如火如荼。开源软件项目已绵延至软件的各个类别，有底层开发工具，数据管理系统、桌面应用程序、网络管理工具，也包括行业应用等，可谓五花八门，最大的国际开源社区 sourceforge.net 上的注册开源项目已经达到了几十万个。

　　开源软件的出现可追溯到二十世纪六七十年代，当时的黑客文化倡导自由共享的软件开发。至 80 年代，许多公司为利润所趋，掀起了软件商业化的浪潮。商业软件，是指一般由商业软件公司或者个人开发的可以当成商品进行交易的软件，这类软件一般以盈利为目的，通过出售其产品副本或者以收费授权的方式从产品使用者那里获得收入的一种计算机软件产品，到 20 世纪末，大多数的计算机软件都是商业软件。商业软件在计算机的发展史上具有举足轻重的作用，对计算机技术的发展和相关人才的培养起到关键性的作用，为计算机业的发展提供了大量的资金支持。商业软件使得本可以在程序开发人员中共享的软件代码受到版权限制，当你付费获得软件的 License 后，软件只能授权给你或你的某台设备使用，不能与他人分享，更不能修改该软件。

这对软件开发人员、黑客们造成了很大不便,引起了大家的强烈抵触。1983 年,黑客文化的代表人物 Richard Stallman 极度厌恶专有软件作者们的版权限制,认为这样的规则根本不利于软件业的发展。因此,他想建立一个类似于 UNIX 的操作系统,这个系统本身应该就是一个自由软件,GNU 这个名字的确定就是遵循黑客传统,是一个递归的缩略词:"GNU IS NOT UNIX",致力于为人们提供一个类 Unix 的完全由"自由软件"组成的操作系统。他于 1989 年与一群律师起草了广为使用的 GNU 通用公共协议证书(GNU General Public License, GNU GPL),创造性地提出了"反版权"(或"版权属左",或"开权",copyleft)的概念(版权的英文是 copyright)。有的 GNU 程序遵循这种"Copyleft"原则,即可以拷贝,可以修改,可以出售,只是有一条:源代码所有的改进和修改必须向每个用户公开,所有用户都可以获得改动后的源码。这样就保证了软件传播的延续性。

自此,开源运动悄然兴起。Richard Stallman 认为,在自由软件时代,软件公司可以靠服务和培训获得收入而不是靠"Copyright"版权法,迫使客户花费巨额资金购买软件。简言之,未来软件业的基本准则就是"资源免费,服务收费"。如今,随着 Apache Web 服务器和 GNU/Linux 操作系统的流行,这一观点已经得到众多人的认可,大批人备受鼓舞,越来越多的个体和组织加入开源软件,他们一方面呼应开源软件的精神,一方面又积极拥抱商业世界。

Richard Stallman

在开源社区中,除了个人主导的开源项目外,有时候,商业公司往往会将一些停滞不前,没有什么市场生命力的项目拿来开源。或者商业公司出于商业目的的考虑,希望提高软件的影响力,也会开源一些项目。通常情况下,符合这样一些条件的软件比较适合作为开源开发项目,否则可能你自己满怀热情,到了开源社区上却无人问津:

（1）软件的受众较多。也就是说不仅你感兴趣,开源社区上有众多志同道合的朋友,这个软件正是他所需要的,因此他们也有同样的兴趣并愿意积极参与。

（2）开源软件要具备比较完善的文档,并保证代码的可读性。

（3）要明确所使用的许可证。

一大批彼此陌生,没有利益关系、没有上下级关系、又充满个性的程序员们,在缺乏质量保证员、缺乏行政管理约束的情况下,当大家观点不一致时,是如何组织管理的呢? 概括出有以下几种:

1. Linux（金字塔式）

Linux 通过一种金字塔式的决策体系进行组织。主负责人之下,是一个由副手们组成的核心团队,他们基本上都各自承担子系统和部分组件,其中一些副手进一步委托负有更小责任的程序员,让他们负责更小的模块。其决策方式非常像金字塔。负责人分成不同层级,主负责人坐在塔顶,最终负责处理在底层无法解决的争端。

此外,由于 Linux 有两个版本,英国程序员艾伦·考克斯负责维护 Linux 核心程序的稳定版本,托瓦尔德斯则致力于下一个试验版本,这已经接近约定俗成的不争事实了。

2. BSD 派生产品(同心圆)

BSD 的决策模板按照同心圆的形式构成,有一个核心小组控制对源代码的审核和合并,该小组负责下一个同心圆权利的授予或撤销,谁可以修改代码或者将新代码提交。这些都是"委托人"。处于第三个同心圆的是开发人员,他们将代码提交给委托人进行评估。这些同心圆的边界一般更为明确,例如 FreeBSD 有 16 位核心成员,大约 180 位委托人处于第二个同心圆上。

3. Perl(挑头系统)

在 20 世纪 90 年代中期,作为编程语言 Perl 的发明人,拉里·沃尔发展出一种不同版本的委托决策体系,Perl 开发人员有一个核心集团,大多数核心成员承担着某段代码的非正式领导角色。沃尔将领导指挥棒传递给另一位开发人员,这个人将致力于某个特定问题并发布新版代码,然后将指挥棒交回给沃尔。这发展成为沃尔所谓的"挑头系统"。挑头人承担主要集成者的角色,拥有最终的对代码的决定权。

4. Apache(电子邮件投票系统)

Apache 的决策系统更为正式,Apache 小组是由一群精英开发人员组成的,关于 Apache 编码技术的决定都是由他们一起做出的。核心小组的开发人员有 8 名,始建于 1995 年,他们协同工作,就其本身而言,不存在单个的项目负责人。从一开始,项目成员的地理分布比较广泛,其核心开发人员分布在美国、英国、加拿大、德国和意大利。根据最低法定人数一致同意规则,Apache 小组设计出一种电子邮件投票系统。任何从事 Apache 项目的开发人员都有权通过给邮件列表发送电子邮件来参与任何问题的投票。只有 Apache 小组成员的投票表决需要遵守;其他人的投票仅仅用于表达意见。在 Apache 小组内部,代码修改需要得到三票支持,并且没有否定票才可以进行。其他决策需要最低获得三票支持,而且在整体上获得大多数人赞成。

Apache 小组本身也在随时扩展，吸纳那些为该项目做出了杰出和持续贡献的开发人员。要想加入 Apache 小组，你必须经过一名成员提名，并获得所有其他成员的一致同意。

上述的一些各种决策机制，并不意味着社区是"平"的，无论采用什么机制，通常情况下，开源项目的核心团队规模保持小而精，贡献绝大部分代码，他们很多就职于商业公司，或者在研究机构或开源组织中从事专业工作。而业务参与者数量多，形成的贡献往往较少。

项目流行程度取决于用户规模，用户是项目的参与者，也是使用者和推广者。这是开源的一大魅力。通常情况下，绝大部分用户群体不会贡献代码，但会贡献使用心得、Bug 报告，会帮助项目有意无意地做宣传，用户也能够从开源社区中学习到技术以及管理方面的各种知识，是社区生态系统不可缺少的组成部分。

二、不付钱我还工作，是为什么呢？

一些彼此不相识的人协同工作，也不存在一个集中的办公地点。那他们如何协同工作呢？他们的办公地点就是网络上的开源社区。开源社区是一个进行开源软件信息发布以及开源软件的开发、管理、使用及其相关技术进行沟通交流的平台。通过开源社区，开源软件项目开发者可以吸引志同道合的人员一起进行项目开发，吸引软件使用者积极参与，同时开源社区也是很好的开源软件项目的管理沟通方式和渠道。开源软件的使用者可以通过开源社区找到所需要的开源软件并讨论使用情况，提交使用中所遇到的问题，以方便开发者进一步修改开源软件中的缺陷。目前，世界上比较知名的开源软件社区有 sourceforge、google code。中国有 GitHub、开源中国社区、开源中国网、LUPA 开源社区。

你也许会问，开源软件就算盈利，也是公司经营的事情，作为参与开源项目开发的程序员们，他们能得到什么呢？这个问题也是开源社区外的人们经常提到的问题，认真分析，这里还涉及组织、心理等一系列的大学问。

总地来说,促进大家积极参与开源的原因包括:

(1)享受变成乐趣,通过经验研究发现许多程序员是因为内在的激励而参与到开源项目中,享受编程的乐趣。在许多情况下,开源软件开发者有能力修改开源软件以满足个人或商业需求,或知道如何将开源软件整合到其他产品中。解决问题成为参与者的乐趣,带给他成就感。

(2)利他主义是激励开源项目参与者主要的内在因素。利他行为定义即对别人有好处,没有明显自私动机的自觉自愿的行为。利他行为是人类的天性,同时受社会环境、教育背景、自身能力的影响。在面对急需帮助的人时,你可能会无偿帮助,这就是一种利他行为。通常,利他行为中也含有利己的因素,人很难什么也不为而做出利他的行为。当一个慈善家大量捐款帮助穷人的时候,他可能或者肯定也会期望在社会上获得声誉的回报。

基于这一观点,开放源代码软件志愿者共享自己的力量是因为他们想帮忙,比如他们发现程序的一个问题,而这个问题正好是自己的能力能够解决的,所以他就解决了这个问题。在这种礼品文化中,由于资源丰富,社会地位的确定不是看个体拥有什么,而是看个体赠送什么,开源软件社区就是这种情况。开源软件的礼品文化氛围激励着程序员参与到开源项目中,人们享受其他人对开源软件做出的改进时,自己对开源软件的改进也拿出来与大家分享。

（3）提升自己的能力。还有经济学家和研究人员认为提升能力是激励参与者的外在因素之一。开源运动为不熟练的开发人员提供了优良的编程实例,通过开源项目能够锻炼和提升参与者的能力。参与者参与开放源代码开发所获得的收益分成即时的收益(即解决自身的问题)和长远的收益两类。把长远收益看作是信号传递的一种激励方式,志愿者参与开放源代码软件开发,在开源社区中得到一个好的声誉以后,更有利于自身未来的职业发展(比如说可以被一家著名的软件公司雇佣或者受到创业投资基金的青睐)。

总地来说,程序员志愿者参与开源项目的激励是两种激励的混合体:外在激励(如工作信号、人力资本等)和内在激励(如解决自身问题、编程的乐趣、利他主义等)。

三、各有各的道——开源的商业模式

开源软件是一种对便于获得源代码的计算机软件产品及计算机软件项目的总称,这类软件允许使用者和其他开发者在开源许可协议授权的范围内,自由地使用、传播、修改和再发行。

开源许可证协议就是开放源代码使用的规范。许可证制度是开源软件的一大特色,它规定了用户的权利与义务。与传统的专有软件遵循统一的版权保护不同,开源软件可采取的许可证制度种类繁多,不同的许可证甚至代表着不同的开源哲学理念。采取不同的许可证对开源软件的成功影响很显著。常用的许可证协议有:

（1）GNU General Public License,简称 GPL。GPL 允许自由使用、修改和

重发行开源软件,但不允许修改后和衍生的代码作为闭源的商业软件发布和销售。GPL 是早期自由软件采用的主要许可证。它严格要求使用 GPL 类库的软件产品也必须使用 GPL 协议,这就是所谓的"传染性"。同时,GPL 不允许将 GPL 化的程序合并到一个所有权程序中。这些限制是比较严格的。

(2) LGPL 许可证,即 Library General Public License(以前也被称为 GNU Library General Public License)的简称,它是 GPL 的派生物。与 GPL 相比,LGPL 放松了限制,允许被合并到专有版权程序中。

(3) BSD 许可证,即 Berkeley System Distribution License 的简称,是一个宽松的许可证,给予使用者很大的自由。BSD 鼓励代码共享,但需要尊重代码作者的著作权。用户可以自由地使用和修改源代码,也可以自由选择将修改后的代码作为开源或者专有软件再发布。BSD 由于允许使用者修改和重新发布代码,也允许使用或在 BSD 代码上开发商业软件发布和销售,所以很多企业在选用开源软件的时候都首选 BSD 协议。

(4) MPL 许可证,即 Mozilla Public License 的简称。MPL 允许免费修改和重发布代码,但软件的发起者要求修改者放弃修改后的代码版权。这样,围绕该软件的所有代码的版权都集中在发起者手中。这种授权维护了商业软件的利益,但不容易获得志愿者的喜爱。

商业公司的目标是追求利润,因此由他们主导的开源项目和传统开源项目在参与者、管理机制等方面都有不同。

传统开源项目的参与者是程序员志愿者,他们因为兴趣爱好,提高自身的需求或者要应用该开源软件等原因参加到开源项目中来,除了在社区中的声誉外,不获得任何报酬。而商业公司介入开源项目并主导项目的发展方向后,安排全职员工参与软件研发并在其中充当主力,或者通过各种手段隐性地控制志愿者特别是社区中的核心成员朝着企业的战略方向开发软件。

传统开源项目的规章制度比较松散,少数核心成员的分工和协作十分明确,对大多数的参与者则几乎不设任何限制。领导者的权威来源于他在社区积累的社会资本,比如发起项目、对项目进行关键改进等,而不是依靠正式的契约或层级命令。而商业公司主导的开源项目中,公司基于自身的利益通过各种手段控制社区,而不是任其自由发展。

众人拾柴火焰高,由多人协同工作,开发出来的开源软件,除了公众可以免费使用外,很多公司利用开源软件,依据许可证的要求,实现了商业上的成功,创造了不同的商业模式。正是因为有了这些成功的商业模式,才促进了开源运动的蓬勃发展。

1. 免费软件 + 收费硬件

IBM、SUN 及惠普等公司在开源软件领域投入巨大,但这一切并非是做善事,它们可以从配置了开源软件的硬件中获取巨额回报。

2. 免费知识 + 收费书籍(培训)

开源软件出版商 O'Reilly 公司组织各种开源软件会议,推进开源理念和开源软件技术的传播与发展,以出售书籍赢利。

3. 免费软件 + 收费服务

一些开源软件厂商免费提供系统的程序代码,不收取软件的许可费用,而是靠提供技术服务赚钱,JBoss 就是这种模式的典型代表。JBoss 应用服务器软件程序完全免费,而技术文档、培训和二次开发支持等技术服务则是收费的。

4. 免费社区版 + 收费企业版

对于一些通用软件,如操作系统和数据库软件,开源软件厂商一般采用针对不同用户提供不同版本的方式。在这种模式中,利用免费版本软件获得市场关注,利用收费版本获得收入。如 MySQL 产品就同时推出面向个人和企业的两种版本,分别采用不同的授权方式。

红帽公司是世界领先的开源解决方案提供商之一,创建于 1993 年。基于开放源代码模式,红帽为全球企业提供基于开源软件的专业技术和服务。同时,红帽提供操作系统平台之上的各种应用程序、管理和服务架构,包括 JBOSS 企业中间件套件。

红帽推出的"订阅模式",在坚持开源和软件免费的前提下,通过年度订阅的方式,为用户采用的红帽企业级产品提供系统维护、技术支持、安全性和认证方面的、持续有效的技术服务。订阅也强调客户在获得服务和支持的同时,具有很高的灵活性和自主性。

红帽开创了开源软件的应用模式,获得了商业上的成功,开源世界是一个生态系统,并不断发生着变化,必定孕育更多的创新。

第五章
软件智能

一、想拥有陪你聊天的机器人，还要等等

这些年，涵盖科幻元素的电影越来越多，其中炫目的场景让我们在惊讶的同时忍不住开始畅想：将来这些会不会都能实现呢？将来的机器人会不会长得和人类一模一样，能和你聊天、互开玩笑？他们会不会战无不胜、攻无不克？

机器人技术现在正处于高速发展中，国家对机器人技术愈加重视，我们相信在未来，机器人无论是在人工智能方面还是在一定程度的仿生运动方

面,都会达到新高度。最初研制机器人是因为人类希望可以从危险、繁琐的工作中解脱出来,但也有人担心机器人的存在会让原本做某些工作的人失去工作。其实,这些担心是多余的。机器人的存在可以提高劳动生产率和产品质量,从而创造出更多的社会财富,因此能够提供更多的就业机会。相似的例子曾经也有,记得打字机出现之后,抄写员的职业转变成了打字员,而通过打字机,打字员的效率也提高了。日本的机器人发展很迅猛,被称为机器人大国,而失业人数在全世界范围内也是相对较少的。日本在使用机器人之后,汽车和电子产品等产业兴起,并占领了世界市场,国家发展的速度得到了进一步催化。

　　机器人的种类很多,从生活娱乐到太空探险,这些领域基本都有机器人的参与。随着技术的发展,机器人逐渐拥有了决策、感觉、思考等能力,对于具备这些能力的机器人,我们称之为智能机器人。目前,机器人还无法完全像人类一样,可以陪你自如的聊天,或者是成为你的知心朋友,但这并不代表以后不能实现。

　　在日本,专家研制了首个能说话的机器人宇航员 Kirobo,外形很像缩小版的阿童木,可以面部识别,可以对话,但只能听懂日语,专家打算针对机器人宇航员 Kirobo 进行两方面问题的研究:一是智能机器人能否成为人类宇航员的助手,在长期考察期间给予情感支持;二是在失重状态下,智能机器人能否正常运作。

机器人宇航员 Kirobo

日本还有餐厅机器人。在餐厅里,当你坐到餐桌旁时,餐桌上的传感器会给机器人下命令,机器人身上的传感器就会识别桌子上的标记,这时机器人会过来招呼你,给你菜单;你点好菜了,他把菜品告诉厨师,等厨师做好了,他再把菜送过来;在你用餐的过程中,他会时不时来关照你;用餐结束后,他再过来给你结账。这样一个餐厅机器人可以同时服务5个餐桌,但是非常个性化的要求他可能就满足不了了。

情感机器人是近年来机器人研究领域兴起的一个新的研究热点。越来越多的专家开始研究基于人工情感的机器人控制体系结构,估计以后我们就能实现与机器人的灵活互动,到那时,你或许就能拥有一个可以陪你聊天的机器人朋友了。

二、一个推理题

读者们,现在转换一下思路,玩一道小题目吧! 如果这里有三顶白帽、两顶黑帽和三个智力相当的学生,这三个学生知道每种颜色帽子的数量。在黑暗中,我们拿出其中三顶给他们戴上,把其他两顶藏起来,然后打开灯。此时每个人都看不到自己头上的帽子,但能看到别人戴着的帽子。但,一件很神奇的事情发生了,这三个学生在愣了一会之后,竟然异口同声地说出自己戴的是白帽子! 你们知道这是为什么吗?

给你七分钟的时间考虑,考虑出答案之后请读一下我的解答,看咱们是不是不谋而合了。

滴答、滴答……

时间到了。

读者们,解答过程如下:

这道题目的关键词有几个,一是"智力相当",二是"愣了一会",三是"异口同声",别小看这几个关键词,这里面可有玄机呢!

别不信,听我慢慢跟你说。

"智力相当"说明这三个学生在思考问题时的敏捷程度是相同的,所以其中一个人所能想到的情况,另外两人也可以想到。

"愣了一会"说明他们在最开始的时候没人能说出自己头上戴的帽子颜色,这就排除了有两人戴着黑帽子的情况。因为,我们只有两顶黑帽子,如果其中有两个学生都戴了黑帽子,第三个学生肯定就会推断出自己戴的是白帽子了。在这种情况下,"智力相当"的他们,会都"愣了一会"么? 不会的吧?

再就是"异口同声"了。

刚才我们已经排除了"两顶黑帽子 + 一顶白帽子"的组合,那接下来让我们看"一顶黑帽子 + 两顶白帽子"是否可行。

我们先假设"一顶黑帽子 + 两顶白帽子"是真实的情况。到了这一步,推理就略微有些繁琐了,为了方便区分和理解,我们暂时就把这三个学生分别叫 a、b、c 吧。如果 a 戴的是黑帽子,那么 b 和 c 戴的就是白帽子。b 看到 a 和 c 是一黑一白,他一开始并不确定自己是黑帽子还是白帽子,所以最初犹豫了。但他发现 c 在最初的时候也犹豫了,然后他就知道自己戴的肯定不是黑帽子,因为如果自己戴的是黑帽子,那么在 c 的眼中他和 a 都是黑帽子,c 是没有理由犹豫的。同理,c 也会因此知道自己戴的不是黑帽子。但 a 就没那么幸运了,因为在这种情况下,a 依然没有办法推理出自己戴着的帽子颜色。而此时,"异口同声"的作用就发挥出来了。试想一下,既然三个同学"智力相当","愣了一会",却还是"异口同声"地说出自己帽子的颜色,而不是：三个同学"智力相当"，"愣了一会"，其中两位同学先说出了自己帽子的颜色，第三位同学紧接着说出帽子颜色。那就说明了，上述推理与实际情况不符，"一顶黑帽子 + 两顶白帽子"不是真实情况。

现在，只剩下"三顶白帽子"的情况了，而这就是真实的情况。

读者们，我们的推理过程是一样的吗？

三、战胜国际象棋大师的"深蓝"

《银河系搭车客指南》

"你说，关于生命、宇宙以及世界万物的终极答案是什么？"

"你是认真问我的吗？超级电脑 Deep Thought（深思）算了几百万年才把这答案算出来，你这么轻轻松松就问出口了？"

"哦！原来你也看过《银河系搭车客指南》！"

"当然啦，答案是 42 嘛！"

被谈天内容吸引过来的许峰雄戳戳一问一答的两个人，他极兴奋地说："我也有一台'深思'哦！"

"这么厉害?"

"好棒!"

"那是1988年的时候,我和我的小伙伴一起研制出了'深思',它超赞的,可以玩象棋,1秒钟可以想出10步棋哦!"

"等一下,我好像记起了些什么……"

"……那个特厉害的'深蓝'(Deep Blue)是不是和你有关?"

许峰雄挠挠头发,腼腆地点头。"嗯。"

之前一问一答的两人异口同声地说:"大神!请受我一拜!"那崇拜的架势简直要把人吓一大跳。当然,也不能怪他们如此激动,"深蓝"可是鼎鼎有名的呢!

"深蓝"是由IBM研制的超级计算机,它的上一代就是"深思"。"深蓝"于1997年5月11日打败了当时的国际象棋之王加里·卡斯帕罗夫(自1985年成为世界冠军,他在12年的时间内无人能敌),整场比赛时间不到1个小时。在对弈过程中,前5局双方以2.5对2.5达成了平局,而在第6局,卡斯帕罗夫走了19步就认输了。卡斯帕罗夫曾说电脑等到2010年才有可能战胜世界冠军,而"深蓝"把这个日子提前了13年。

对弈

在前5局对弈中,卡斯帕罗夫采用了专门针对"深蓝"的战术,但针对这些战术,"深蓝"总能应付自如。因此,卡斯帕罗夫渐渐地有些力不从心,而

"深蓝"作为一台机器是不会有心理负担的,再加上它的运算速度很强大(比赛期间它的平均运算速度为12600万步/秒,在1996年对抗输掉卡斯帕罗夫之后,"深蓝"的运算速度提高了一倍),因此比起赛来游刃有余。在比赛结束后,"深蓝"小组透露说,每场对局结束之后小组成员都会根据卡斯帕罗夫的战术来有针对性地修改参数,这或许就是卡斯帕罗夫无法找到有效战术的原因。

那么,这么厉害的"深蓝"到底长什么样呢?它重量达到1.4吨,拥有32个节点,每个节点有8块专门为进行国际象棋对弈设计的处理器,因此一共有256块处理器集成在它的计算机系统中,它还有100年来所有国际特级大师的开局和残局下法,再加上美国特级大师本杰明把对象棋的理解"传授"给了"深蓝","深蓝"会取得成功也是有理有据的。

"深蓝"在1997年取得的这场胜利,足以标志着电脑技术又迈上了一个新台阶,它在某些方面已经能够与人相比,也使得人们对"电脑人工智能化"有了新的认识和想法。

所以问题出现了,你觉得机器能够思考吗?

阿兰·图灵摸着下巴,意味深长地看着你。

 ## 四、超级电脑"沃森"参加智力竞赛节目《危险边缘》

《危险边缘》

一般来说,咱们玩益智问答游戏的时候都是主持人提问,参加人针对这个问题做出解答,对吧? 偏偏有人反其道行之。有这么一档电视节目,也是益智问答游戏类的,主持人先把答案说出来,让参加游戏的人根据答案提供的各种线索,归纳出问题来回答。是不是很有意思? 这就是美国哥伦比亚广播公司于 1964 年开始的一档电视节目——《危险边缘》(Jeopardy)。

这档电视节目涵盖的内容很宽泛,像是文学、艺术、历史、科技、地理、文字游戏等,由于形式的特殊性,使得参赛者需要分析线索中隐藏的含义,甚至还有一些似乎只有人类才懂的俗语、讽刺等,这可不是单单具备知识底蕴就能应付的了的。

看起来,这游戏对人类有利,因为电脑不擅长这种复杂的分析。

你可能会说,这话听着怎么感觉内有玄机呢?

好吧,不卖关子了。你知道吗,这样一个看上去对人类有利的游戏,却还是让电脑赢了。在 2011 年的时候,IBM 的超级电脑"沃森"在《危险边缘》中赢了这节目的两名总冠军,赢得了 100 万美元的奖金。

IBM,又是 IBM,前有"深蓝",现有"沃森",了不起。

"沃森"与"深蓝"相比又进步了许多。因为计算机虽然可以存储多领域的知识,但对人类语言进行分析却不是那么容易的,这无法通过单纯的编程植入来完成。你想想看,语言的词汇量虽然在某种程度上可以界定,但语境却是千变万化的,同样一句"好得很",在你高兴的时候可能表示的就是"好",而在你生气的时候,估计就是反话了。英语也是如此,"Good"到底是表示"好"还是"不好"? "Not bad"到底是表示"好极了"还是"差强人意"? 这些都要结合语境,还要参考不同人对同样一件事情的理解程度,甚至要分析说话人的情绪(是讽刺还是真诚)等因素。需要把这些统筹起来考虑,才有可能从自身储备的知识库里找到精准的答案,然后回答出来。

不仅如此,《危险边缘》游戏规则规定可以略过不那么擅长的题目,可以挑选题目,这就意味着"沃森"还得考虑战略,哪些问题可以略过,哪些问题可以挑选,偶尔再搞笑一下调节气氛……全程还没有工程师参与,互联网也断开了,一切全靠自己。你说说,这对"沃森"来说累不累?

你再说说,赢了两位冠军的"沃森"是不是很牛?

"沃森"内有 10 台采用 Linux 操作系统的 IBM 服务器,研制的过程经历了 4 年,它的研究团队具备丰富的人工智能经验。在研制期间,他们先通过成批问题对"沃森"的性能进行大规模的测试,提高系统性能;然后与《危险边缘》以前的参赛选手进行"陪练"比赛。这让研发团队对"沃森"的性能有了很好的评估。其实研发团队最初设计"沃森"是想要让电脑理解更加复杂的语言和人类知识,赢得《危险边缘》并不是研制它的主要目的,通过参加《危险边缘》来开发系统是想更好地研制技术,因为《危险边缘》的游戏除了让你回答问题之外,还对你自信心进行考核(如果你对回答正确某个问题的自信心不够,你可以略过它),通过这样的锻炼来优化技术,可以让这技术得到更好的发挥。

五、自然语言理解是一个难题

"自然语言处理"泛指对于人类自然语言所进行的一切有意义的操作和分析,包括自然语言的分词操作、词性标注、词义标注、搭配关系标注、语法分析、语义分析、段落解析、篇章分析,以及与此相应的各种语言学统计,如字频统计、词频统计、特征提取、关键词识别、短语识别、专有名词识别、语言模型的统计和提取、虚词的识别、语句的表示、语句的相关性计算,以及从大规模语料库的语料中提取各种典型的语句样本和语言学规则等,这些都是人们比较熟悉的内容。依据应用目标的不同,不同场合所进行的自然语言处理的具体内容当然也会各不相同。

至于科学技术意义上的"自然语言理解",它是在"自然语言处理"基础上展开的一类操作,目的是为了理解自然语言。可以认为,自然语言处理是实现自然语言理解的必要基础;没有这个基础,不可能实现自然语言理解。所谓对于某种自然语言实现了某种程度的"理解",那就要求机器能够判断语句的结构是否合乎语法、能够判断语句的逻辑含义是否合理、能够判断语句所表达的语言效用。这样,才算是听懂了我们的话。

语言理解包括下列几个方面的内容:既能够理解句子的正确词序规则和概念,又能理解不含规则的句子;知道词的确切含义、形式、词类及构词法;了解词的语义分类以及词的多义性和歧义性、指定和不定特性及所有(隶属)特性;问题领域的结构知识和时间概念;语言的语气信息和韵律表现;有关语言表达形式的文学知识;领域的背景知识。

随着计算机技术和人工智能总体技术的发展,自然语言理解不断取得了进展。

机器翻译是自然语言理解最早的研究领域。由于早期研究中理论和技术的局限,所开发的机译系统的技术水平较低,不能满足实际应用的要求。

到了 70 年代初期,对语言理解对话系统的研究取得了进展。LUNAR系统、SHRDLU 系统和 MARGIE 系统等是语言理解对话系统的典型实例。

进入 80 年代之后,自然语言理解的应用研究广泛开展,机器学习研究又十分活跃,并出现了许多具有较高水平的实用化系统。这些系统是自然语言理解研究的重要成果,表明自然语言理解在理论上和应用上取得了突破性进展。

自然语言是表示知识最为直接的方法。因此,自然语言理解的研究也为专家系统的知识获取提供了新的途径。此外,自然语言理解的研究已促进计算机辅助语言教学(CALI)和计算机语言设计(CLD)等的发展。

语言的分析和理解过程是一个层次化的过程。现代语言学家把这一过程分为 3 个层次:词法分析、句法分析和语义分析。如果接收到的是语音流,那么在上述 3 个层次之前还应当加入一个语音分析层。虽然这种层次之间并非是完全隔离的,但是这种层次化的划分的确有助于更好地体现语言本身的构成。

六、机器人学

你有没有听说过艾萨克·阿西莫夫? 这位充满奇思妙想的小说家是科

幻历史上的三巨头之一。小行星 5020 就是以他的名字命名的,也叫阿西莫夫星。

正是他,在 1941 年 10 月 4 日写《转圈圈》这篇短篇科幻小说的时候,提出了"机器人学三法则"。

《转圈圈》中,一个名叫 SPD 的采矿机器人处于一种矛盾之中,进入矿区危险地带的行为会伤害自己,但如果不进入危险地带又会违背人类的指令,这种矛盾使得采矿机器人只能绕着矿场跑个不停,对工程师发出的任何指令也不理睬。在这种情况下,"机器人学三法则"作为解释这一现象的理论出现在了小说中。"第一,机器人不得伤害人,或坐视人类受到伤害而袖手旁观;第二,除非违背第一法则,机器人必须服从人类的命令;而第三法则是,在不违背第一法则及第二法则的情况下,机器人必须保护自己。"第三法则让 SPD 回头,但如果工程师命令他走入危险地带,第二法则会产生高于第三法则的作用,使得机器人服从命令。

"机器人学三法则"真正被人们重视,得益于《我,机器人》这本短篇集的畅销。在《我,机器人》的引言中,阿西莫夫把"机器人学三法则"放在了开头,开门见山地把它提了出来。因此后来人们在提及"机器人学三法则"时,总会说阿西莫夫于 1950 年在《我,机器人》一书中首次提出"机器人学三法则"。但实际并非如此。

后来，阿西莫夫在小说《机器人与帝国》中，进一步提出了超越机器人三法则的"零规则"，即机器人不得伤害人类整体，或坐视人类整体受到伤害而袖手旁观。

阿西莫夫提出的关于机器人学的法则，被称为"现代机器人学的基石"。

不同协会和组织对机器人的定义不同，一般而言人们认为机器人是靠自身动力和控制能力来实现各种功能的一种机器，机器人的出现源于人类想要用机械来代替自己工作的需求。"机器人"作为专业术语出现是在几十年前，但这一概念在人类的想象中却已经存在数千年了。早在我国西周时代，就流传了工匠偃师献给周穆王一个歌舞机器人的故事，这在《列子·汤问》中有记载。

但我们现在所说的机器人，尤其是具有人的特点的机器人，起源是美国。1939 年，美国纽约世博会上展出了西屋电气公司制造的家用机器人Elektro，可以行走，会说 77 个字，虽然离真正干家务还差很远，但使得人们对

家用机器人的设想变得更加具象。随着技术的快速发展,以及各行各业需求的迅速膨胀,机器人的研发和应用逐渐覆盖了社会生活的各个领域。像是在娱乐业,具有代表性的是日本本田公司开发研制的机器人 Asimo,Asimo 可以独立跑步,可以用手臂开灯、开门、拿东西、托盘子,可以推车,可以与人类简单交流,从而能够帮助人类,尤其是可以成为老年人的助手。

Asimo 机器人

在工业领域,工业发达国家在生产中已经广泛应用了机器人。汽车及汽车零部件制造业是工业机器人应用最广泛的领域。根据国际机器人联合会的数据,2011 年是工业机器人产业自 1961 年以来最兴盛的一年,全球市场销售 166028 台,同比增长 38%。但汽车产业每万名工人当中中国机器人数量只有 141 台,而日本有 1584 台,德国有 1176 台,美国有 1104 台,从这个角度看,工业机器人在中国的缺口很大。

在农业领域,机器人的出现改变了传统的劳动方式,推动了现代农业的发展。德国农业专家用计算机、全球定位系统和灵巧的多用途拖拉机综合技术,研制出了除草机器人。日本研制了自动挤奶机器人,大大节省了劳动力,还增加了牛奶产量(15% 左右),具有很高的经济价值。此外,日本还发明了能够摘草莓的机器人,如果大范围应用,可以节省农民 40% 的采摘时间。通过修改程序,机器人还可以采摘除草莓以外的其他水果。在西班牙就有一种能摘桔子的机器人,效率是人们手工工作的 5 倍。

采摘机器人

第六章
软件人物

一、世界上第一个程序员——奥古斯塔·爱达·拜伦

奥古斯塔·爱达·拜伦画像

　　在现在的技术行业中，无论是在大学还是在企业，我们会发现学习、从事技术专业的男女比例相差甚远，但在 1842 年，爱达·洛芙莱斯（Ada Love-lace）编写了历史上首款电脑程序。爱达·洛芙莱斯原名奥古斯塔·爱达·

拜伦(Augusta Ada Byron)，是英国诗人拜伦的孩子，从孩童时期开始就对数学有天赋。后来，她嫁给了曾经的家庭教师威廉·金。结婚之后爱达依然很喜欢数学，在数学家查尔斯·巴贝齐被英国政府断绝资助而境遇落魄的时候，她伸出援助之手，成为对方科研方面的伙伴。巴贝齐有了爱达的鼓励和支持，打算冲刺设计分析机。爱达对分析机很赞赏。因她的数学天赋，爱达的主要任务就是为分析机编制函数计算程序，她不负信任，编出了程序，包括伯努利函数程序、三角函数程序等，即使若干年过去，直到现在，后辈们对这些程序仍然视作瑰宝，不敢轻易改动。巴贝齐把很多数学问题都交给爱达处理，爱达反馈的文档帮助巴贝齐修正程序错误，她还证明分析机可以求解很多问题。1843 年，她发表论文，在论文中提到机器以后可以编曲、排版等，还可以在科学研究中运用，这在 170 年前是一种很大胆的预见。她的算法被认为是最早的计算机程序和软件，她还建立了循环和子程序的概念。

爱达与巴贝齐之间在工作上的缘分其实要从爱达小时候说起。爱达出生后不久，父母因为性格方面不合而离异，爱达从小和母亲一起生活，因她的母亲极具数学天赋，因此爱达继承了这方面的能力。有一天，爱达母亲的朋友带着她们参观巴贝齐的差分机，这复杂的机器对其他小姑娘来说是很深奥和难以理解的，她们更多的感觉是在看热闹。而爱达不一样，她因自己的数学底蕴和能力，感受到了巴贝齐差分机的重要性。当时巴贝齐接待了爱达，向她解释差分机原理，而这个小姑娘也给巴贝齐留下了很深的印象。

他们的合作始于缘分，却终于无奈。资助的匮乏使得巴贝齐花光了自己的全部财产，只为把分析机变为实物，他们为了理想不得不向现实妥协，通过制造一些别的小玩意来赚钱，爱达还曾到当铺当掉丈夫家中祖传的珍宝。在这样一种操劳而贫困的生活下，爱达的身体健康状况迅速变差，导致她还不到 40 岁就去世了。在此之后，巴贝齐独自坚持了将近 20 年，虽然最后没能制造出分析机，但他仍然坚持工作。

爱达的一生让人不胜唏嘘，但她长远的目光和所作的贡献给以后的计算机界留下了一笔巨大的财富，而她的毅力和精神，更能激发后辈们为理想不断奋进。后来，为了纪念她，一种语言以她的名字命名，那就是 Ada 语言。

Ada 语言是第四代计算机语言的代表,是一种通用程序设计语言,表现力很强。设计 Ada 语言是为了克服软件开发危机,构建软件系统,确保系统的长周期和高度可靠。

以计算机科学为代表,我们还可以发现其他很多爱达的痕迹,美国计算机公会每年都会颁发软件工程创新大奖,这个奖就是以 Ada 命名的。1980 年 12 月 10 日,在微软的 Wins. 产品里能够找到 Ada 的全息图标签。在 Windows 95 的真品证书上面就有爱达的浮雕水印。

CB 注:Windows 95 的真品证书(CoA)上面有爱达的浮雕水印

 ## 二、计算机软件之母——葛丽丝·霍普

葛丽丝·霍普(1906 年 12 月 9 日—1992 年 1 月 1 日),全名葛丽丝·穆雷·霍普(Grace Murray Hopper),本名葛丽丝·布鲁斯特·穆雷(Grace Brewster Murray),霍普(Hopper)为夫姓。葛丽丝·霍普在美国纽约州纽约市出生,是世界上最早的女性程序设计师之一。葛丽丝·霍普大学就读于瓦萨学院(Vassar College),她在校期间是美国资优学生联谊会成员。葛丽

葛丽丝·霍普早年肖像

丝·霍普 1928 年毕业，获得了数学与物理双学士学位，之后就读于耶鲁大学研究所，分别于 1930 年、1940 年取得硕士学位和博士学位。拿到博士学位之后葛丽丝·霍普回到瓦萨学院任教。

　　葛丽丝·霍普最初的领域是数学，而在第二次世界大战期间，她投身服务祖国，就在这时，她意识到了计算机革命的存在。在计算机领域，技术难题不是最困扰她的，最困扰她的是性别歧视。但她并没有知难而退，她顶着压力，积极推进了计算机新技术的发展。她于 1943 年志愿加入美国海军后备军团，由于当时人力短缺，即使她的体格不符合军方标准，也还是入伍了。1944 年 7 月，葛丽丝·霍普加入了军方在哈佛大学的计算机实验室，在霍华德·艾肯手下工作，这最初是因为葛丽丝·霍普在数学领域有所专长，还获得过数学博士学位。在工作过程中，由于她的忠诚和能力，葛丽丝·霍普成为艾肯的得力助手，经常作为计算实验室的代表参加一些活动，在艾肯不能出席的场合代表发言。在 1947 年和 1949 年，她协助组织了两次标志性的计算机会议，这两次会议都在哈佛举行。

　　葛丽丝·霍普在哈佛计算实验室工作时负责马克一代，并对它的操作说明进行编写。马克一代由霍华德·艾肯指挥，被用来计算火箭弹道、低空爆炸信管和地雷的破解方法，还能生成数学函数表，可以解决像是无线电波传播、船体设计等一般工程问题，葛丽丝·霍普是马克一代上工作的第一个专职程序设计师。

图为 1944 年新设计的 ASCC（哈佛工作人员称为马克一代）

第二次世界大战期间，大量实际计算问题需要快速、精确地解决，造成了实验室工作人员的困境，毕竟人员是有限的，而这种计算需求给葛丽丝·霍普的团队也带来了挑战，当时基本是由葛丽丝·霍普、迪克·布洛赫、鲍勃·坎贝尔三人进行编程工作，到了后来，鲍勃·坎贝尔开始花大量时间想要研制新计算机马克二代，编程工作几乎变成葛丽丝·霍普、迪克·布洛赫两人的事情了。在这种背景下，两人变压力为动力，研发出了编码和成批处理的系统方法，以此来满足计算需求。

当编码错综复杂时，两人在编程过程中通常是把多步骤的数学过程分解成一个个小步骤，分解出小步骤之后，他们再进行实验将这些步骤按照顺序排列。虽然这听上去不难，但现实工作中的编码极其复杂，再加上战争时期时间紧迫、需求量大，因此他们面对很大的压力。此外，葛丽丝·霍普和迪克·布洛赫常常发现，提出问题的人虽然可以表达出自己想要的东西，但解决问题的过程中如果涉及到特定方程式，提出问题的人对这些方程式的涵义就一筹莫展了；另一方面，如果要搞清楚问题的来源背景，还得要掌握各种专业的词汇,量不够大也不行。葛丽丝·霍普团队经过讨论,认为解决问题需要以数学作为突破点,他们发现节省编码时间可以通过事先决定解的精确度的参数来实现,这么做的结果也更加贴切。像是马克一代,能精确到小数点后 23 位,这种精确度对于涉及偏微分方程式的时候是必须的,但多数情况下是多余的,那时候大多导弹问题需要解的精确度不超过小数点后 4 位,在这种情况下就需要考虑四舍五入的误差影响。当时大多数数学家不了解四舍五入的误差,好在葛丽丝·霍普曾经参加过化学课程,所以能够理解四舍五入和计算错误。

确定了方程式,接下来就是制定编码计划图,编码计划图包括指令、绘制数据纸带和定位小数位。在初期,每一次的输入和输出都需要人工不断干涉,葛丽丝·霍普和迪克·布洛赫都把时间花在了解决自己的问题上,相应地,对阐述和编译等问题就弱化了,所以对马克一代的操作就成了海军的责任。由此我们可以看出,分工成为团队保障计算机输出最大化的手段,强制的分工保障马克一代 7×24 的运转。像葛丽丝·霍普和迪克·布洛赫代表技艺高超的数学家,编程成为他们的工作,此外他们还将操作员的职位角色和责任写成书,通过这书给予操作员帮助;技术相对较差的操作员,主要就是做一些基础工作,他们按照葛丽丝·霍普和迪克·布洛赫所写的指导书进行工作,实施其中的步骤。葛丽丝·霍普和迪克·布洛赫还负责处理超过操作员专业技能的问题。这种分工使得葛丽丝·霍普和迪克·布洛赫从繁杂的基础工作中脱离出来,给了他们研究处理其他工作的行为。葛丽丝·霍普通过对团队进行分工安排,降低了工作的单调性,并保障了质量,形成了能够 7×24 工作的数据处理中心,还能产生精确解,这是数据处理中心的最早模板。她第一个意识到马克一代能够通过打字机来编排结果格式,这个发现非同小可,因为如果计算机能够用于控制打字机,那么它就能用来控制任何机械程序。

第二次世界大战结束后葛丽丝·霍普辞去瓦萨学院的工作,留在哈佛大学继续研究程序开发。两年后的一天,一个神奇的小东西出现了,而这个小东西在我们现在倒是很常见,它就是"bug"。1947 年 9 月 9 日,马克二代在工作时突然不能正常运作了,整个团队搞了半天都不知道是怎么回事,后来经过重重挖掘,发现原来是一只飞蛾捣的乱,它意外飞入了一台电脑内部引起故障。通过排查,整改团队把错误解除了,还在日记本中对这次事件作了记录。以后这个部门凡是遇到任何引起电脑停止运作的错误,都把它们叫做"bug",bug 原意是虫子,通过这次事件倒成了日后电脑程序错误及除错的名称起源。

第一次被发现的导致计算机错误的飞蛾,也是第一个计算机程序错误

葛丽丝·霍普于 1949 年到埃克特－莫奇莱电脑公司(Eckert － Mauchly Computer)担任资深数学家,主要是开发 UNIVAC I,第二年该公司被雷明顿兰德公司并购,葛丽丝·霍普仍然继续着开发 UNIVAC I 的工作。最初设计 UNIVAC I 是用于单纯的数值运算,但葛丽丝·霍普认为它的应用并不局限于此,它可以支撑人们用接近写作的方式来写程序,而不是直接以机器码撰写,这就是我们现在所知的高阶编程语言。她提出这个想法,进行研究,在 1951 年至 1952 年间,葛丽丝·霍普在 UNIVAC I 上开发出第一套编译器 A－0 系统,编译器 A－0 系统能将程序源代码编译为机器码。在这之后,又接续开发了 A－1 与 A－2。

葛丽丝·霍普领导着团队开发出了编程语言 MATH－MATIC 与 FLOW－MATIC。后者被海军采用了,后来葛丽丝·霍普开发了 Validation,用于确认程序是不是用同一套编译器编译。由于当时编译器不一致的问题十分常见,1959年军方与民间专家召开了会议,会议通过了新的编程语言标准,这次会议的首席技术顾问是葛丽丝·霍普,而这套新的编程语言标准就是CO-BOL的由来。1967年至1977年间,葛丽丝·霍普开发了COBOL验证软件与编译器,当时她在美国海军资讯系统计划办公室所属的美国海军编程语言小组中担任经理职位,而COBOL验证软件与编译器也成为美国海军CO-BOL标准化程序的一部分,COBOL大幅借用了葛丽丝·霍普的原始设计,因此葛丽丝·霍普被视为"COBOL之母"。说到COBOL,还有一件事情也不得不提,葛丽丝·霍普曾经为了节省硬件成本,决定在马克一代上以六位数字来储存时间,即年、月、日各两位。这个习惯被COBOL继承,之后传播到其他编程语言及操作系统中,成为以后Y2K危机的最早起源,所以她也是Y2K危机的创造者。

1960年在UNIVAC键盘前的霍普

你或许不知道。美国第一个获得准将头衔的女性就是葛丽丝·霍普,她于1966年因为到达美国军方的服役年龄上限依法退休。但在六个月后又被紧急召回,重新入伍,因为美国海军部无法处理那些程序。直到1971年,她再度退休,但第二年又一次被召回。在美国众议院的提议下,美国总统于1983年通过特别命令,任命葛丽丝·霍普为海军准将,众议院特别批准延长她的服役年限,好让她继续参与军方计划。而在1986年8月14日,葛丽丝·霍普正式退役,退役之后,她担任迪吉多公司资深顾问,直到过世。

1983 年葛丽丝·霍普被升为海军准将

很多编程语言专家都是由葛丽丝·霍普培养的,她的名字也出现在了很多地方,像是国家能源研究科学技术机中心的超级电脑 Cray XE6,就是以 Hopper(霍普)命名;而海军的新数据自动化中心于 1985 年更名为葛丽丝·穆雷·霍普中心。葛丽丝·霍普作为唯一的女性,与阿兰·图灵、史蒂夫·乔布斯、比尔·盖茨等一同入选媒体评选的"IT 界十大最有远见的人才"。

三、获得图灵奖的第一位女科学家——法兰西斯·艾伦

2007 年图灵奖得主,法兰西斯·艾伦

法兰西斯·伊丽莎白·艾伦（Frances Elizabeth Allen，），昵称法兰·艾伦(Fran Allen)，出生于20世纪30年代纽约州北部的一个奶牛场主家庭。农场的生活磨练了她追求新知识的强烈意志。艾伦最初的愿望是做一名教师，她就读于纽约州立阿尔巴尼师范学院(Albany State Teacher's College，现已改为纽约州立大学)，获得学士学位。毕业以后，进入密歇根大学攻读数学硕士学位。

艾伦的家境清贫，她是靠助学贷款完成她的学业的。1957年在密歇根大学临近毕业时，她需要偿还学生贷款，而此时恰好IBM公司可以解决这个难题。当时，计算机科学领域的从业者以男性居多，IBM公司为了吸引女性参加其研究与开发的项目，在大学校园中广泛发送标题为"My Fair Ladies"的招聘小册子。艾伦为了偿还助学贷款，1957年进入到IBM公司沃森(Watson)研究中心工作。

其实，艾伦的志愿原本是当一名教师，到IBM公司本是她的权宜之计。但进入IBM以后，计算机软件这一新兴学科领域的巨大挑战性和广阔发展前途深深吸引了她，以致她再也没有更换过工作岗位。

从20世纪60年代开始，艾伦就集中精力关注编译优化和高性能并行计算系统。她与她的工作伙伴——1987年的图灵奖获奖者约翰·科克(John Cocke)都是IBM大型计算机及其编译器研究的核心人物。20世纪60年代，艾伦领导开发了 IBM 第一台大型晶体管超级计算机 STRETCH 的语言编译系统,不仅亲手实现了许多她提出的优化算法,还实现了 IBM 的第一个优化程序的符号调试器(Symbolic Debugger)。

艾伦在 80 年代早期进行了并行翻译 PTRAN(Parallel Translations)的开发并创立了并行翻译研究组,致力于研究并行计算机的编译问题。该小组的工作在编译器的并行化方面处于世界领先的位置。她在这些项目中的工作促成了许多目前广泛应用于商业编译器中的程序优化算法和技术,通过并行处理去获得高性能的计算,让用户有能力访问高性能计算机。她的研究工作为目前用于天气预报、DNA 匹配、分析情报的高速计算机系统提供了基础。

1981 年 9 月,艾伦在《IBM 研发学报》上发表长篇论文《IBM 语言处理器技术的历史》(*The History of Language Processor Technology in* IBM)。这篇论文全面回顾与总结了 IBM 在开发编译器方面的历程和技术进展,实际上也是她 24 年研究成果的结晶。

在信息技术高速发展的现在,我们进入了多核与多重处理的时代,艾伦的并行编译在多个处理器上运行软件来提高系统速度和效率的方法,就体现出了其特殊的意义。

2007 年 2 月 21 日,美国计算机协会在纽约宣布:2006 年的图灵奖授予 IBM 的资深研究员、IBM 终身院士法兰西斯·艾伦,以表彰她在编译器优化理论与实践方面所作出的巨大贡献。授奖仪式于 6 月 9 日在加利福尼亚州的港口城市圣地亚哥举行。这是图灵奖在 41 年的历史上第一次把该项荣誉授予一位女性计算机科学家。图灵奖评委主席 Ruzena Bajcsy 说,"她的研究几乎影响了计算机科学发展的整个历程,使今天在商业和科技领域内使用的许多计算机成为可能"。而此前的 2004 年,IEEE 的计算机协会已经授予艾伦"计算机先驱奖",因此,艾伦也成为至今唯一一位同时获得这 2 项荣誉的女性。

图灵奖相比较其他奖的奖金,金额不大,通常有 10 万美金,但图灵奖被业界公认为是计算机科学领域的诺贝尔奖。图灵奖通常是在下一年公布上一年的获奖名单,并利用年会举行颁奖仪式,所以有些资料上显示艾伦为

2007 年的图灵奖获得者。本书以图灵奖公布名单为准——艾伦为 2006 年图灵奖获得者。无论是 06 年还是 07 年获奖,有一点毋庸置疑,那就是:艾伦是图灵奖的第一位女性获奖者。

自 1966 年颁奖以来,已有 50 多位男性计算机科学家获此殊荣。40 年后才迎来了第一位女性获奖者,这个时间实在是来得迟了些。众所周知,1901 年开始颁发的诺贝尔奖,1903 年居里夫人就成为了第一位诺贝尔奖的女性获奖者。

中年时的艾伦

在为 IBM 服务长达 45 年之后,艾伦于 2002 年退休。退休后艾伦还一直致力于鼓励女性从事计算机科学的教育项目。我们相信,她的事迹会吸引更多的女青年参与到计算机学科中,激励大家勇攀计算机学科的高峰。

四、TCP/IP 协议的缔造者——文特·瑟夫

清晨的闹钟响了,你起床,洗刷完毕吃过早饭,挤公交或者地铁来上课,一路上你的心情很高涨,因为上午有计算机课,你特别喜欢上计算机课,因为这门学科的一切知识都是那么的有意思。

TCP/IP 协议发明人文特·瑟夫

在课上，你打开台式机，按照惯例登陆聊天工具，和小伙伴们视频聊天，如果你足够三心二意的话，你还会同时打开几个网站，在上面潜水、灌水、发图片……这些对你来说再熟悉不过了吧？

那你知道，这些功能是依托什么得以实现的吗？

没错，是 TCP/IP 协议。

那你知道 TCP/IP 协议是谁设计的吗？

或许你们当中有的人就不知道了。

是文特·瑟夫（Vinton G. Cerf）博士，瑟夫博士和他的小伙伴就是 TCP/IP 协议的设计者，这可是一件非常伟大的设计，它支撑你在日常生活中体验那些在你看来可能是很普遍的事情，然而，最不易察觉的才是最伟大的。

瑟夫博士有一颗温暖而诚恳的心，他和他的小伙伴拒绝为 TCP/IP 申请专利，他认为一项新技术要得以广泛应用，那么它最好是无偿的。如果他们当初申请了专利，把这项设计作为私有财产，那么它肯定无法得到现今如此巨大的应用量。瑟夫博士和罗伯特·卡恩（Robert E. Kahn）联合发明了互联网基础协议，打下了互联网技术的基础，被尊称为"互联网之父"，但他觉得自己只是在最初十年里做了一些早期工作，就被冠以这个称号，对参与互联网创建的其他人来说是很不公平的。这不是客套话,众人拾柴火焰高,互联网正是集体的产物,但也正是因为瑟夫博士和别人的联合发明,打破了障碍,把网络转变为了商业媒体,引发了一场革命。所以,他的谦卑足以表明他是一个伟大的人。

瑟夫博士 1943 年出生,1965 年获得斯坦福大学数学学士学位,曾经在 IBM 公司工作,然后考到了美国加州大学洛杉矶分校的研究生院,后来取得了计算机科学博士学位。在上学期间,他一直在研究 ARPANET 协议。在 1970 年之前,计算机间的交流还没有什么重要的进展,直到 1970 年初,瑟夫博士遇到了罗伯特,罗伯特是一个硬件专家,在 BBN 公司负责中介信息处理器的安装与调试。瑟夫博士和罗伯特一起在 UCLA 做测试,软硬结合,把不同的网络接了起来,实现了突破。瑟夫博士于 1972 年至 1976 年在斯坦福大学担任助理教授,在这几年间他和罗伯特共同领导研发 TCP/IP 协议的小组,成功开发了 ARPANET 的主机协议,ARPANET 也因此成为第一个大规模的数据包网络。

我想大家对网关应该都不陌生,但你知道网关这个概念的诞生其实是源于一个旧信封吗?瑟夫博士在 1973 年到旧金山大饭店参加会议,中场休息的时候,他在一个旧信封的背面提出了网关的概念,网关能够连接不同网络系统,能够帮助系统之间进行路由选择。

1975 年,瑟夫博士和罗伯特布设互联网,他们希望能让电脑间的沟通透明化,由于罗伯特在设计互联网的时候,做出一项重要决定,一定要让电脑和电脑之间的沟通敞开和透明,由于当时正处于冷战高峰期,这个决定似乎很难执行,好在美国国防部没限制他们分享技术,因此他们花了很长一段时间对这项技术进行推广,试图说服人们去尝试。你可能会问,他们的研究和美国国防部有什么关系呢?是这样的,1973 年美国计算机有三个互相联系的网络,瑟夫博士和罗伯特研究互联网最初也是想把这三个网合并。这三个网络中有一个就是美国国防部联系美国相关研究机构的网络。

从 1983 年到 1993 年,由于光纤网络通信的出现和美国允许高端技术在商业领域的应用,使得互联网用户翻倍。但 TCP/IP 技术的推广仍然不乐观。因为它太新了,喜欢抱着老技术的人必然排斥它,再加上标准化组织 ISO 不接受 TCP/IP 技术,使得它的推广困难重重。直到 1978 年,TCP/IP 技术才得到了标准化认可。尽管后来又有很多的新技术想要取代 TCP/IP 技术,但 TCP/IP 技术被设计的可以架构在新技术上,通过新技术使得 TCP/IP 的体系得以不断完善。后来,随着互联网的广泛普及和应用,用户对 TCP/IP 也越来越依赖,这时瑟夫博士提出了互联网最基本的特性,那就是安全性、可靠性,同时他也认为只有政府政策和策略能够完善起来,才可以推动互联网的广泛运营。

　　瑟夫博士是互联网领域的权威之一,他在 1992 年组建了互联网协会。无论在政府社交圈还是在高科技社区,他都是国家级的人物。Cerf 博士获得过很多重要嘉奖:1997 年 12 月,克林顿总统为表彰瑟夫博士和罗伯特对互联网所做的贡献,为他们颁发了美国国家技术奖章,瑟夫博士在各种重要场合都会佩带这枚红色的小勋章,他曾说自己最首要的身份是科学家,可以看出他很看重自己的科研工作。2005 年 2 月,美国计算机学会因瑟夫博士和罗伯特在互联网协议方面所获得的成就,包括设计和实现了 TCP/IP 协议栈,为他们颁发图灵奖。2005 年 11 月,乔治·布什总统为瑟夫博士和罗伯特颁发了美国政府所能授予的最高民事荣誉——总统自由勋章。

五、计算器的发明者——帕斯卡

布莱士·帕斯卡

如果你对数学感兴趣，那你大概会知道帕斯卡定理和帕斯卡三角形，如果你在物理方面有知识积累的话，或许你也会知道帕斯卡定律。神奇的布莱士·帕斯卡（Blaise Pascal），他于 1623 年 6 月 19 日出生在法国，在数学、物理、哲学各领域都有很深的造诣，他还曾设计创造了帕斯卡计算器，冯·诺伊曼发明高速电子计算机时继承了他的思想。

帕斯卡对数学的热情源于他的父亲，在他十几岁的时候，偶然间对父亲阅读的几何书产生了好奇，由于他的父亲觉得教授孩子这些知识还为之尚早，所以就只是讲了一些很浅显的内容，没曾想帕斯卡从此对数学产生了浓厚的兴趣，每次趁父亲不注意时就溜到书房寻找数学书籍，独自钻研。靠着自己的钻研，他得出了一些心得，与父亲分享，父亲因此发现了儿子在数学方面的天赋，也就放开约束，让他徜徉在数学的海洋里了。父亲开始系统地教授帕斯卡，再加上帕斯卡有天赋、很努力，使得他在短短时间里又成长了许多。在少年时期，他就发表了很多篇关于圆锥曲线的论文，让人惊讶。

帕斯卡不仅是天才，他对父亲还充满了敬爱之心，帕斯卡计算器的发明，最初就是想缓解父亲的辛苦。帕斯卡的父亲因为工作的缘故，每天都要和复杂的计算打交道，这让他的父亲很劳累，这些都被帕斯卡放在了心上。有一天，帕斯卡在学习物理时，发现齿轮转动时如果几个大小成比例的齿轮通过齿对齿的方式结合起来，匀速转动其中任何一个，其他几个也会匀速转动，只不过速度对应的比例不同，他发现这与数学初级运算很相似，因此他认为可以把这一物理现象运用到数学中。以这为灵感，他不断研究，两年后研制出了可以进行六位数计算的帕斯卡计算器。

帕斯卡计算器在运算过程中采用十进位制，它由上下两组齿轮构成，每一个代表十进制中的一位，它的工作方式是通过手摇来带动有数字的转轮运转，最后停到该停的位置，通过这样的运作，计算结果会显示在位于计算器上方的小窗口里。帕斯卡计算器发明出来之后，帕斯卡送给了父亲，想要父亲减轻繁重的工作量，但他们又觉得如果能把帕斯卡计算器推广出去，更多的人就都可以减轻计算量了。所以，帕斯卡针对帕斯卡计算器申请了专利，并开始批量生产，可惜的是帕斯卡计算器成本颇高，导致它的价格昂贵，因此很难在广大的群体中推广。虽然有这个小遗憾,但帕斯卡计算器的出现,将数学和物理融合了起来,激发了人们对机器代替人工劳动的思考,可以说是早期电脑工程的先驱。

后来的计算器上仍然沿用了帕斯卡计算器的设计原理,德国数学家莱布尼兹改良了它,发明了世界上第一台机械计算器,能进行加减乘除运算。再之后就是电子计算器,帕斯卡对计算机领域的贡献是值得纪念的,像是PASACAL语言的命名,就是为了纪念他。现在在巴黎工艺美术博物馆、德累斯顿的茨温格博物馆里,陈列着帕斯卡原创的计算器,包括最初版本和成熟版本。

虽然帕斯卡很有才华,但他后来不再涉猎科学领域,而是转向了神学、哲学,这或许是因为他父亲的去世,或是因为一次马车事故,也有可能两者兼而有之。其实,在他不断深入研究科学的时候,总感到很多科学理论和事物规律与宗教的教义相矛盾,在那个众人相信宗教的年代,这一切都让他觉得寸步难行、十分痛苦。帕斯卡甚至对自己产生了怀疑,他想把宗教和科学调和起来,但他后来又觉得行不通。总之在 31 岁的时候,帕斯卡退隐到修道院,放弃了科学研究。

由于长期思想上的苦恼,再加上帕斯卡本身体弱多病、体质不好,即使得了严重的病他自身也不愿积极治疗,因此就慢慢拖到了病重无法救治的境地。他去世后,被埋葬在教堂的旁边,墓碑上刻着他的科研成果,上面还有幅画,画的含义代表了国际通用压强单位 1 帕斯卡。除了前面提到的PASACAL语言,人们通过各种方式纪念他,比如在克莱蒙费朗,有一所专门以他的名字命名的大学,还有位于加拿大安大略省的滑铁卢大学,每年都会举办一场以他的名字命名的数学竞赛。

六、计算机之父——冯·诺依曼

约翰·冯·诺伊曼(John von Neumann)最初的身份是数学家,当然现在我们知道他在现代计算机领域也颇有建树,其实除了数学和现代计算机,他

约翰·冯·诺依曼

在经济领域、军事领域等也有所贡献,可以说是一位科学全才。他的领域涉猎大约可以用20世纪40年代作为时间划分线,在40年代以前,冯·诺伊曼在纯粹数学领域做出了很大的贡献,他于1933年解决了希尔伯特第5问题,建立的操作数环理论为量子力学奠定了数学基础;而40年代以后,他转向应用数学,在电子计算器、经济学、数值分析等方面有卓越贡献。他的出生地是在匈牙利布达佩斯,生于犹太人家庭,父亲是银行家,年轻有为,母亲受过良好教育,温柔贤惠。

要想了解冯·诺依曼的成就,我们就需要从不同的领域出发。

在纯粹数学领域,冯·诺依曼把量子理论的数学基础、算子环理论、各态遍历定理这三项作为他最重要的数学工作。

冯·诺依曼和希尔伯待、诺戴姆联名发表了论文《量子力学基础》,其中他主要负责该主题的数学形式化方面的工作,此外还讨论了物理学中可观察算符的运算轮廓和埃尔米特算子的性质。1932年,冯·诺依曼的主要著作之一《量子力学的数学基础》由施普林格出版社出版,至今它都是这方面的经典著作。在量子力学发展史上,冯·诺依曼通过研究无界算子,对希尔伯特算子理论进行了发展,弥补了其数学处理的不足。此外,他指出量子理论的统计特征并不是由观察者的状态未知导致的,他还借助希尔伯待空间算子理论证明了凡包括一般物理量缔合性的量子理论之假设都必然引起这种结果。

冯·诺依曼就希尔伯特空间算子谱论和算子环论的工作主要包括对线性算子性质的详细分析,和对无限维空间中算子环进行代数方面的研究。从 1936 年到 1940 年这几年间,冯·诺依曼针对非交换算子环发表了六篇论文,他曾在《量子力学的数学基础》中提到希尔伯特最早提出的思想能够为物理学的量子论提供一个适当的基础,因此不需要再引进新的数学构思。他还看到决定空间维数结构的是这个空间所容许的旋转群,因此维数可以不再局限于是整数,就这样,连续几何提出来了,这成为算子环理论的生长点。

冯·诺依曼在 1932 年发表了关于遍历理论的论文,他解决了遍历定理的证明,用算子理论加以表述,成为统计力学遍历假设严格处理的整个研究领域中获得的第一项精确的数学结果。此外,冯·诺依曼在测度论、连续群、拓扑等数学领域也取得了不少成果。

1940 年是冯·诺依曼由纯粹数学转向应用数学的一年,他开始研究偏微分方程,这在当时是把数学应用于物理领域的最主要工具。他还把非古典数学应用到了博弈论和电子计算机中。第二次世界大战开始后,由于战事需要,冯·诺伊曼研究可压缩气体运动,发展了流体力学;冯·诺依曼于 1928 年创建了博弈论,博弈论的基本思想是指在分析多个主体之间的利害关系时,重视主体之间的讨价还价、交涉、利益分配等行为方式的类似性,虽然一些想法在 20 年代初曾经有过,但真正的创立还是要从冯·诺依曼关于社会博弈理论的论文开始算起,他在论文中证明了最小最大定理,这个定理可以处理最基本的二人对策问题,同时,他也表述了多个游戏者之间的一般对策。博弈论是冯·诺依曼在应用数学领域取得的杰出成就,现在,它成为研究社会现象的特定数学方法。

博弈论也被用于经济学,如计量经济学和数理经济学,它们都受到了博弈论的影响。从 1942 年起他与莫根施特恩合作写《博弈论和经济行为》,这是博弈论的经典著作,将二人博弈推广到多人博弈结构,并将博弈论系统应用于经济领域,这使他成为数理经济学的奠基人之一。

在军事领域,冯·诺依曼在第二次世界大战期间应召参与了很多计划和项目,他研究过连续介质力学,于 1949 年为海军研究部写了《湍流的最新理论》。冯·诺依曼因国防需要研究过激波问题,他所写的《激波理论进展报告》引出了关于激波反射理论的系统研究。此外,他还研究过气象学,通过运用电子计算机来对地球大气运动的流动力学方程组进行数值研究分析。冯·诺依曼支持发展氢弹,建议用聚变引爆核燃料。冯·诺依曼于 1947 年受军队嘉奖,他不仅是物理学家、工程师和武器设计师,更是一名爱国主义者。

全才的冯·诺伊曼不局限于纯数学研究,而是积极把数学应用到其他学科中,还获得了非常重大的成果,这一切为他以后进行计算机逻辑设计提供了坚实的基础。前面提到过,冯·诺伊曼曾参加研制原子弹,这项工作中涉及到的计算极为困难,举例来说,光是解决原子核的一个反应传播回答"是"或"否"这么一个问题,即使最终数据并不要求非常精确,那也需要几十亿次的数学运算和逻辑指令,因为所有的中间运算过程要尽可能保持准确,并且不能够缺少。要想完成这些计算,太过依赖人工是不现实的。被这些问题困扰着的冯·诺伊曼在偶然中知道了ENIAC的研制计划。那是一年夏天,他在火车站偶遇美国弹道实验室的军方负责人戈尔斯坦,那时候戈尔斯坦正参与研制ENIAC计算机,和冯·诺伊曼交谈时告诉了他关于ENIAC的事情。几天后冯·诺伊曼来参观了ENIAC,并被它深深吸引,再加上实际工作的需求,使得冯·诺伊曼于1944年8月加入穆尔计算机研制小组。在短短的十个月之后,一个全新的存储程序通用电子计算机方案——EDVAC方案出炉了,冯·诺伊曼起草了一份总结报告,报告长达101页,极具含金量,其中介绍了制造电子计算机和程序设计的新思想,明确规定EDVAC计算机由计算器、逻辑控制装置、存储器、输入、输出五大部分组成,阐述了它们的职能和相互关系。现在我们知道,为实现根据需要控制程序走向、根据指令控制机器各部件协调操作、输入输出、各种运算和数据加工处理的能力,计算机必须具备输入数据和程序的输入设备、记忆程序和数据的存储器、完成数据加工处理的运算器、控制程序执行的控制器和输出处理结果的输出设备。后来,冯·诺伊曼提出了"电子计算装置逻辑结构初探",当时他在美国普林斯顿高级研究所担任ISA计算机研制小组的主任。《电子计算装置逻辑结构初探》是一份更加完善的设计报告,其中进一步论证了ED-VAC的两大设计思想,即数字计算机的数制采用二进制,计算机应该按照程序顺序执行。后来人们称这个理论为冯·诺依曼体系结构。虽然一直以来二进制引入和程序内存的发明权存在着争议,但冯·诺伊曼在计算机总体配置和逻辑设计上做出的贡献推动了电子计算机的发展,现代计算机中存储、速度、基本指令的选取,线路之间相互作用的设计,都受到冯·诺依曼思想的影响。

冯·诺依曼认为计算机和人脑机制有类似的地方,他在对人脑和计算机系统的精确分析和比较后得到了一些定量成果,这些成果涵盖在《计算机和人脑》中,这本著作是冯·诺依曼去世后发表的。1955年夏天,冯·诺依曼检查出患有癌症,但他仍然坚持工作,即使在轮椅上也继续参加会议、进行演说,然而病情逐渐侵蚀了他,在1957年2月8日,冯·诺依曼在医院逝世。这样一位科学全才,不仅仅在纯粹数学领域有突出贡献,还积极将数学应用到其他学科,他推动了电子计算机的发展,是当之无愧的"计算机之父"。

 ## 七、百科全书式的天才——莱布尼兹

小时候看《机器猫》,对其中一集剧情的印象特别深刻,那是一次临近考试的时候,大雄临阵磨枪无果,又向机器猫撒娇要装备,机器猫无奈之下给了他记忆面包,这面包很神奇,只要把它盖到书上,书上的字就能印到面包里,再吃掉面包就能把书上的内容记住了。后来大雄由于贪吃闹肚子了,之前吃的面包没有派上用场。当然,这种临阵磨枪的行为是不好的,是对自己的不负责任,我们可以惊叹作者的想像力,但不要从中学习那些不好的情节。

当时看过这一集,我对记忆面包特别感兴趣,心想如果我也能有这面包,把百科全书里的东西全吃到肚子里,我不就是一本直立行走的百科全书了吗? 哈哈,当然现在看来这想法是很幼稚的,再说这个世界上哪有捷径可走,要想成功,就得一步一个脚印踏踏实实地往前走,只有这样才可能到达你想去的地方。

但你别说,这世界上还真有一位百科全书式的天才,他就是莱布尼兹。

戈特弗里德·威廉·莱布尼兹(Gottfried Wilhelm Leibniz),1646 年 7 月出生于德国莱比锡。莱布尼兹兴趣广泛,在各个领域都有很高深的成就,如哲学、化学、逻辑学、解剖学、航海学、地质学、法学、语言学、数学、历史、物理等,而我们最常见的关于他的头衔,估计就是和牛顿同为微积分的创建人了。而在计算机学科领域,他的贡献也非同小可。

莱布尼兹从小受到父亲的影响,很喜欢看书,在他很小的时候,他的数学才能就已经显现出来了,他通过数字与符号组合运算来发现客观规律。1671 年他到巴黎的时候受到帕斯卡思想的影响决定专研高等数学,并因此认识到了计算器的重要性。计算器能接手繁重的计算量,把人才从中解救

戈特弗里德·威廉·莱布尼兹

出来。在阅读了帕斯卡的论文之后莱布尼兹决定扩充功能，并设计出了能够计算加减乘除的分级计算器，还可以求平方根，这个设计在欧洲造成了巨大反响。1673 年 3 月，莱布尼兹被选为英国皇家学会外籍会员。

1674 年，莱布尼兹制成了更加完善的"莱布尼兹计算器"，这离不开法国物理学家马略特等机械专家的帮助。莱布尼兹制作计算器的原理和方法长期被各式计算机采用，如 IBM 的手摇计算器，他在手摇计算器发展史上做出了重要贡献。其实后来他还设计过更加复杂的机械计算器，但由于当时技术水平有限，所以没有制成。"莱布尼兹计算器"获得肯定后，莱布尼兹造出了三台不同尺寸的计算器，其中一台据说通过传教士送给了康熙皇帝。莱布尼兹其实和中国颇有渊源，他对中国的《易经》有所研究。正是因为八卦图，他悟出了二进制，这成为电子计算机的计数基础，意义重大。因为十进制虽然符合人体逻辑，但在机械实现上很麻烦。

莱布尼兹在其他的科学领域也贡献颇多。他发表了一篇名为《一种求极大极小和切线的新方法，它也适用于分式和无理量，以及这种新方法的奇妙类型的计算》的文章，这篇文章成为现今世界上认为的最早的微积分文献。我们现在使用的微积分通用符号就是当年他精心选择的，因此他也是历史上最伟大的符号学者之一。此外,由于考察过哈尔茨山的矿藏,还提出了关于地球最初处于熔融状态的假设,莱布尼兹也被认为是地质学创始人之一。

莱布尼兹于1716年在汉诺威逝世,享年70岁,他研究涉及的领域有40多个,这些都是通过他已经发表和还没有发表的作品来统计的,而在这些领域,他几乎都被认为是大师,所以说,莱布尼兹是当之无愧的百科全书式全才。

八、人工智能之父——图灵

阿兰·麦席森·图灵

我能问你一个问题吗,你觉得飞机能飞吗?

你的回答是能。

那么,飞机是像小鸟一样地在飞翔吗?

你犹豫了,不知道该如何回答。其实从某种意义上讲,飞机的飞翔不是像小鸟那样,它运用的是动力学,莱特兄弟如果当初想要依靠仿生学来设计飞机,估计直到现在我们还会对遥远的国度望洋兴叹,不知要在海上度过多少时间才能到达彼岸游玩。

好吧,你可能不服气——不是像小鸟那样飞翔又怎样,总之飞机就是能飞!

嗯,这个回答我很赞同……所以,你觉得机器能思考吗?

你会不会下意识告诉我否定的答案,即使之前我们讨论了半天关于飞机的话题?

你撇嘴,机器又没有神经,也没有大脑,怎么可能会思考嘛!

图灵望着你,他想问:难道就因为机器无法像人类那样思考,所以你认为机器不能思考? 这是什么标准?

是啊,这是什么标准? 难道在你输入"1 + 1 = ?"之后,告诉你答案是"2"的机器,它没有在思考吗?

图灵,全名阿兰·麦席森·图灵(Alan Mathison Turing),生于 1912 年 6 月 23 日,英国的数学家、逻辑学家,奠定了计算机逻辑的基础,代表成果是"图灵机"。图灵曾发表过一篇名为《机器能思考吗?》的论文,被称为"人工智能之父"。

从小时候开始,他就喜欢对身边的事物进行思考,并且喜欢通过思考来解决实际问题。当他和小伙伴一起玩足球的时候,他喜欢在场外的位置,因为这样就可以多些时间计算足球飞出球场边界时的角度。这种独特的行为让他的老师们都认为图灵是个思维很跳跃的人,但我不这么认为,我觉得他的思维是很有逻辑的,他也很喜欢有逻辑的思考方式,像是在剑桥大学国王学院学习时,图灵特别喜欢看冯·诺依曼的书,觉得冯·诺依曼在书中的思想极具逻辑性。图灵可能在表达或者行动时省略了其中一些他认为大家都会懂的步骤,因此给旁人的感觉就有些跳跃了。

图灵在"哥德尔定理"出现后,设想可不可以有一台机器通过机械步骤一个接一个地解决所有数学问题。1936 年,图灵在一篇名为《论数字计算在决断难题中的应用》的论文中提出了图灵机的设想。论文中提及的图灵机是一种思想模型,可以制造出十分简单、运算能力却极强的装置,来计算可计算函数。论文中设想的图灵机由控制器和工作带组成,工作带的两端假设是没有界限的,它被分成了一个个格子,格子里是数字或者符号,控制器能够在工作带上移动,通过这些模拟人计算的过程。这形成了现代计算机的理论基础,说明了通用数字计算机的研制是可行的。

16 岁的图灵

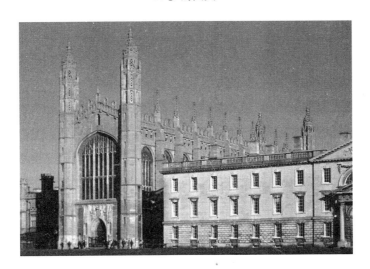

剑桥大学国王学院的电脑房现在以图灵为名

　　图灵于 1938 年回到母校任教。天才给人的感觉总有些奇特，因为大多数人都不可能站在他的角度上理解问题。他对数字的敏感和对逻辑性的追求使得他在日常生活中的行为在旁人眼中显得很神奇,与此同时,他出色的才能让人尊敬。他很喜欢长跑,把这作为一种让大脑休息的方式。在很短的时间里图灵发表了几篇数学论文,这几篇论文都很有份量,因此为他赢得了很大的声誉。

第二次世界大战期间,图灵承担"超级机密"研究,负责解密 ENIGMA 的通信密码。ENIGMA 由德国发明家亚瑟·谢尔比乌斯发明,在二战期间成为德国可靠的加密系统,因此在战争开始的时候,德国军队保密性在全世界范围内没有谁能比得上,因此解码问题成为英国的重大课题,如果不能成功解码,他们的损失会更大。

在布莱切利园的图灵石像

图灵当时带领了包括象棋冠军亚历山大在内的 200 多名精英进行密码分析的工作,在努力之下,他们设计出了破译机 Bombe,Bombe 先通过排除法来缩小范围,提高了解密的效率。依靠 Bombe,第二次世界大战提前结束了,但在战后,丘吉尔下令销毁了 200 多台破译机。1945 年,图灵在接受英国授予的荣誉勋章之后到国家物理研究所任高级研究员,后来图灵想建造一台计算机,这台计算机没有固定指令系统,但可以仿真其他不同指令系统的计算机的功能,为此他还写了一份报告,报告中关注了人的神经网络和计算机计算两者之间的关联。这份报告到很多年之后才公布。英国皇家学会在 1946 年成立计算机实验室,设在曼彻斯特大学,牵头负责人是纽曼博士,第二年 9 月图灵加入了实验室,在 1948 年 6 月,实验室研制了一台小模拟机 Baby,它可以完全执行存储程序,算得上是第一台能支持这项功能的电子计算机的模型。1949 年图灵担任实验室的副主任,负责计算机曼切斯特一号的软件工作,同时,他还做一些人工智能的研究,并提出了图灵实验。图灵实验的出发点是想定出一个标准,来决定机器是否有感觉。这个实验主要是让计算机和人类分别在不同的房间里,回答主持人提出的问题,人类在回答问题时尽可能表明他是真正的人,计算机也尽可能模仿人的思维方式和过程,如果主持人无法分辨出人和计算机,那么就可以认为计算机有了智能。这个实验没能让所有人满意,很多人觉得这个实验的条件太片面,不足以得出完美的答案。

图灵于 1950 年发表了论文《机器能思考吗》,提出了"机器思维"的概念,他对机器是否能思维这一命题给出了肯定的回答,并指出最好的人工智能应该立足于为机器编程,他认为在不久的将来,一定会有计算机可以通过图灵测试。同年,图灵领导制造的 ACE 计算机露面了,这在当时是世界上最快最强的电子计算机之一。

图灵测试为"智能"这一争论焦点提供了一个可量化可操作的方法。图灵 1950 年设计出这个测试,其内容是,如果电脑能在 5 分钟内回答由人类测试者提出的一系列问题,且其超过 30% 的回答让测试者误认为是人类所答,则电脑通过测试。

1951 年,图灵被当选为英国皇家学会会员,能当选是因为他所做的突出贡献。1954 年 6 月的一天,图灵被发现睡在床上,他永远睡着了,不再醒来,床头边有一个咬了一小半的苹果。法医断定这个苹果曾经浸泡过氰化物溶液,图灵是吃了这个苹果致死的。外界的说法是图灵服毒自杀,图灵的母亲说是误食。然而不管怎样,科学星空中一颗明亮的星就这样殒落了。

图灵作为数学家和计算机理论专家,最高的成就是在计算机和人工智能,在计算机领域有一个奖项叫"图灵奖",这个奖项能够为获奖者带来至高无上的荣耀。人们用各种方式纪念图灵,像是为他写书,为他创作电影。传记《艾伦·图灵传》讲述了他的传奇人生,电影《模仿游戏》由这本书改编,演绎图灵的男演员是英国的本尼迪克特·康伯巴奇。该电影获得第 87 届奥斯卡金像奖最佳改编剧本奖，包括最佳影片、最佳导演、最佳男主角、最佳女配角等在内的7项提名。

《艾伦·图灵传》

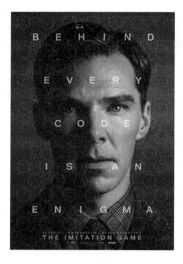

电影《模仿游戏》海报

图灵在布莱切利园的工作场景雕塑，知道图灵的人说这个雕塑栩栩如生，可惜没有他桌子下面的咖啡杯

第七章
软件史上的重要事件

 一、美国计算机协会设立图灵奖

美国计算机协会(Association for Computing Machinery, ACM)在1966年的时候设立了图灵奖(Turing Award),从此每年都会颁发奖项给在计算机界做出突出贡献的杰出人才。这个奖的命名是为了纪念图灵,并且有计算机领域的诺贝尔奖之称,大多数获这个奖的人都是计算机科学家。

图灵奖

图灵奖的评奖程序非常严格,要求极高,每年都会要求提名人推荐候选人,附文章说明被提名的科学家应该获得这个奖项的原因,美国计算机协会成立评选委员会进行评审,最终确定获奖者。在2014年11月13日以后,英特尔退出了对图灵奖的赞助,留下 Google 公司,Google 公司把奖金从之前的25 万美元提到了 100 万美元。图灵奖是在每年宣布上一年的得主,在极特殊的情况会有一年评选出两名以上科学家(在同一方向做出贡献)同时获奖的情况,一般而言每年也就奖励一名计算机科学家。从 1966 年至 2014 年共举办了 49 届,图灵奖得主 62 名,其中只有一名华人学者,那就是 2000 年图灵奖获得者姚期智。62 名获奖者中美国国籍的学者最多,这些获奖者分布的领域大约有几十个,其中与计算机科学密切相关的前三个领域是编译原理、程序设计语言、计算复杂性理论,与军民应用密切相关的前三个领域是人工智能(图灵又被称为人工智能之父)、密码学(是不是想到了图灵在二战时期所做的贡献?)、数据库。

在姚期智之前,图灵奖的获得者中并无华人,40 名得主中美国的学者就有 28 名,其他国家所占的比例很小。在 2000 年,美国计算机协会因姚期智对计算机理论做出的"根本性""意义重大"的贡献,决定授予他图灵奖。姚期智成为图灵奖历史上授予的第一位华裔学者。

姚期智出生于上海,祖籍是湖北省孝感市孝昌县。在很小的时候他移居台湾,1967 年的时候得到台湾大学物理学士学位,第二年到美国哈佛大学深造,后来取得了物理学硕士学位,并于 1972 年获得物理学博士学位。在研究物理学的过程中,他被计算机这门新兴学科吸引了注意力,因此放弃了物理学,转而投向计算机科学的领域。1975 年,他在伊利诺大学获得了计算机科学博士学位,这是他第二个博士学位。伊利诺大学在美国以计算机科学研究闻名,姚期智能够在伊利诺大学拿到博士学位,一方面与他的天分有关,另一方面则得益于他比旁人付出的更多努力。

在美国工作生活的那段时间,姚期智获得了美国国家科学院、美国人文及科学院的院士,在 IBM 研究中心、贝尔实验室、微软亚洲研究院等单位担任访问科学家或顾问。2004 年,他当选为中国科学院外籍院士。在 2004 年之后,姚期智决定回归中国大陆。在回归中国大陆之前,他也曾回国几次,把一些研究成果带到国内,与国内学术界进行交流,他曾做了一系列报告,如"量子密码的新方向""关于计算复杂性的一些展望""理论计算机科学的前沿问题"等,在交流的同时他也能了解到国内学术界的发展。2003 年 10 月 29 日,姚期智受聘在清华大学担任讲席教授,聘任仪式十分隆重,由清华大学信息学院学术委员会主任张钹院士主持,清华大学何建坤常务副校长为姚期智博士颁发了聘任证书。姚期智聘请了包括蔡进一教授(美国威斯康星大学)、邓小铁教授(香港城市大学)等在内的 6 位著名教授组成讲席教授组,他们都是国际上在算法和复杂性领域最出色的华人学者。讲席教授组挑选了 10 名直博学生,与清华大学智能技术与系统国家重点实验室共同展开针对计算机理论问题的研究工作。

2004 年姚期智加盟清华大学高等研究中心,成为全职教授,他辞去了普林斯顿大学终身教职,决定回到祖国贡献自己的一份力量,他从事的算法和复杂性领域是美国理论计算机科学的主流,又是图灵奖获奖人数最多的一个方向,但当时中国国内的学者在这一方向上并无太多积累,因此他的决定可以说是填补了国内这一领域的空白。对此,他的夫人储枫教授很支持。一年的教师节,前总理温家宝专程看望姚期智教授,在交谈中反复提到国家对高层次人才的渴求,这让姚期智教授很受鼓舞,他发起了"软件科学实验班",希望能够通过实验班培养出国际计算机科学的领军人物。此外,他还带领清华团队实现了中国在前沿国际刊物上发文的破冰之旅。2006 年在学术会议 FOCS(理论计算机科学领域顶级学术会议,与 STOC 并列)上,清华大学计算机系入选了 3 篇论文,入选的篇数超过了美国加州大学伯克利分校,这其中有 1 篇论文因解决了二人博弈中纳什均衡点的复杂性问题(理论计算机科学的著名难题)而获得了 2006 年度 FOCS 最佳论文奖,这个问题由陈汐与邓小铁教授合作解决。

2007 年姚期智领导成立了清华大学理论计算机科学研究中心,4 月研究中心成功主办了第十届国际公钥密码学会议。这是国际密码学研究领域的世界级盛会,2007 年正好是十周年,并且首次在中国主办。参会的学者来自世界各地 15 个国家。

姚期智博士对国内理论计算机科学的贡献无与伦比,他现在仍然在清华大学传授知识。

二、比尔·盖茨创立微软公司

比尔·盖茨

比尔·盖茨（Bill Gates），全名威廉·亨利·盖茨三世（William Henry Gates III），是微软公司的创始人、前任董事长和首席执行官，也是福布斯全球富豪榜夺得榜首的常客。他出生于1955年，成长于西雅图，进入中学后第一次接触微机技术。当时他所在的学校是湖滨中学，学校很前卫地集资租用了一台 PDP 型电脑，那会儿电脑不仅体积庞大，价格还很昂贵，所以湖滨中学租用电脑的决定是很让人惊讶的，但也正因为如此，盖茨能够早早地接触电脑，并通过实践激发出了浓浓的热情，可以说那时候他整颗心都扑在了电脑上，在这上面花的时间比任何同学都长。或许正是因为这种执着劲儿，他后来才可以获得成功。

盖茨不仅仅是自己沉迷于电脑技术之中，他还用掌握的电脑技术帮助湖滨中学解决了一次燃眉之急。那是在1971年的时候，湖滨中学开始招收女生,学生人数大规模增长,导致学校的教室资源不够用,针对这个问题,校长想要设计一个课程表程序,通过分流和平衡的方式来解决。这样一个问题肯定不能用人工解决,那样会很容易出岔子,并且浪费时间,所以他想到由盖茨来设计这个程序。盖茨那时在学校已经很有名气了,他接受了这个挑战,用了一个暑假的时间设计出课程安排程序,学校用着非常满意。盖茨用这个程序设定了跟他同班的同学每周二下午没课,这让他们很高兴,班里很多同学甚至穿上了印着"周二俱乐部"的 T 恤来庆祝。

盖茨开始编写真正的商业软件是从 1972 年开始,带他走向这条道路的是同校好友保罗·艾伦。大家应该都听说过"黑客"吧,但你知道么,盖茨可能是最早的"黑客"。在 1972 年底的时候,盖茨设计了一个简单的程序,突破了 PDP 型电脑的密码保护系统,并使用了系统里在允许范围之外的数据和资料,这件事情他告诉了艾伦,两人又开始合计着通过这种办法做一些别的事情,比如免除上机费、破坏电脑安全系统、修改个人账单等,这些行为让出租电脑的公司产生了损失。学校为此禁止他们上机,时间长达六个星期。但盖茨没有因此收敛,他后来还搞得赛博纳联网的所有电脑系统都瘫痪了,这下闯了大祸,他向父母保证一年内不碰电脑,开始准备考大学。在这一年期间,他接触了很多父亲在法律界的朋友,通过他们的指导开始对商业上的事情有所思考,而不再是曾经那个单纯摆弄技术的小毛孩儿了。他写了一份提纲,是关于电脑安全的,然后和艾伦一起到那家他曾经很容易就破解了密码的公司,向工程师们自信满满地谈论软件设计。公司老板被盖茨的自信打动了,再加上他得知对方曾经破解了密码,所以就与他们达成交易,允许他们免费使用电脑,但要定期提交软件程序错误清单和详细报告。盖茨很高兴,后来他在这家公司度过了非常快乐的时光,当然,也正是在这里,他认识了加里·基尔代尔教授,这位日后的朋友和竞争对手。

盖茨于 1973 年进入哈佛大学,在哈佛期间他为 MITSAltair 开发了 BASIC 编程语言,在那里他和后来也成为微软总裁的史蒂夫·鲍尔默住在同一楼层。1976 年 2 月 3 日,盖茨写了一封著名的公开信——《致爱好者的公开信》，他在公开信中为计算机软件开发者鸣不平，指出黑客文化的弊端，他认为非法复制的行为阻止了人们编写出更好的软件，因为软件制造商付给用户的版税和使用手册、企业管理费用等和软件收入相比，仅仅能够达到平衡，在这种情况下，如果大家都是非法复制软件产品，试问还会有人花费大量精力编写高质量的软件供人们免费使用吗？

盖茨之后离开了学校，致力于将计算机软件产业化。他与好友艾伦一同创建了"Micro－soft"（"微型软件"）公司，公司在新墨西哥州的中部城市阿尔布开克。盖茨于1979年将公司迁往西雅图，公司名称也从"Micro－soft"改成了"Microsoft"（"微软"）。

微软公司现在是世界上最成功的企业之一。然而盖茨多次被控告商业行为不检点，微软公司在他的领导下很多行为违反了美国法律，他的声誉也因此受损。

史蒂夫·鲍尔默于1998年提升为微软总裁，20年间他担任了公司内多项重要职位，包括操作系统开发、销售、支持，以及公司运营。2000年他被任命为首席执行官，盖茨为首席软件设计师。鲍尔默在任职期间想要把微软的公司形象改变得更加亲善，在他的努力下，微软平息了多方面的指控。

萨蒂亚·纳德拉于2014年被任命为微软的第三任CEO，在此之前他担任执行副总裁，自从加入微软以来，纳德拉领导了微软向云计算服务转移；并在管理微软服务器及工具业务期间，领导的业务部门在市场份额方面表现极其优秀。盖茨辞去董事长职位，由约翰·汤普森担任。盖茨主要作为创始人和科技顾问，为纳德拉提供支持。盖茨认为纳德拉具备丰富的工程技术，同时具备对于技术如何在全球范围内应用的商业视野，因此能够在转型期更好地领导微软。

盖茨曾多次来到中国，与国内有过很多深入交流，2007年他访问清华大学时成为了清华大学的第13位名誉博士，之后他发表了演讲，题为"未来之路：在中国共同创新"，他认为中国的发展最快，微软希望能为中国人民在技术方面带来极大便利。

三、史蒂夫·乔布斯创立苹果公司

史蒂夫·保罗·乔布斯

史蒂夫·保罗·乔布斯（Steven Paul Jobs），出生于 1955 年 2 月 24 日，美国旧金山。一说到他，人们很自然就会想到苹果公司，就像一提到盖茨会自然想到微软一样。乔布斯是苹果的创始人之一，因卓越的业绩多次被评选为全美最佳 CEO。

苹果公司的另一个创始人是史蒂夫·沃兹尼亚克，沃兹尼亚克出生于 1950 年，于 2000 年 9 月被正式列入美国国家发明家名人堂，他生性腼腆，专注于技术，热爱技术，就连乔布斯也评价说沃兹是比他还要懂得电子学的人，他在八年级的时候基于二进制理论造出了一台计算器。他和乔布斯一见如故，乔布斯总能明白他的想法，他们将一方的工程技术和另一方的商业头脑结合起来，取得了非凡的成功。他和乔布斯是在一位教授的电子学班上认识的，那是在乔布斯高中最后两年的时候，他参加了约翰·麦科勒姆教授的电子学班，他对电子很感兴趣，这源于养父对汽车和机械的热爱（他是被人收养的，养父母待他很好，总是尽量送他到好的学校，接受好的教育），乔布斯的养父是机械师，这种热爱使得乔布斯开始对电子设备产生兴趣，当乔布斯九年级的时候，他第一次见到了台式计算机，然后彻底爱上了它。

　　高中毕业后,乔布斯就读当时全美学费最高的学校——俄勒冈州波特兰的里德学院,因为家庭经济原因,他念了一学期就休学了,不过他仍然旁听书法课等课程,正是这些积累培养了乔布斯的美感,因此他对电脑软件的字形等很重视,或许这就是现在很多美术设计工作者热衷于使用苹果电脑的原因。

　　1976 年,只有 21 岁的乔布斯和 26 岁的沃兹尼亚克在车库里成立了苹果电脑公司,乔布斯为此卖掉了自己的大众汽车,沃兹卖掉了惠普计算器,他们拿到了 1250 多美元。当时还有另一个伙计罗·韦恩,但在成立 11 天之后他就要求退出了,所以不把他列为创始人之一。他们分工明确,沃兹主要负责执行电子工程,乔布斯主要负责市场营销。

　　在成立后不久,他们在俱乐部搞了一次演示,向人们展示他们的成果,乔布斯指出苹果产品的所有关键元部件都已经内置在机器中,这引起了 Byte Shop 电脑商店老板保罗·特雷尔的兴趣,他向乔布斯和沃兹下了订单,这为他们带来了收益。后来,乔布斯和沃兹又生产出 100 台 Apple Ⅰ,卖给了零售商店。

Apple Ⅰ

　　在那之后,沃兹一直在设计带有显示器和键盘的终端机,终端机能够连接到小型机上,从而可以将小型机上的部分性能利用微处理器转移到终端机上,通过这样的方式,将计算机、键盘、屏幕整合起来,它成为 Apple Ⅱ计算机的草图。

Apple Ⅱ

1977 年,第一届西海岸电脑展览会在旧金山举办,乔布斯和沃兹把 Apple Ⅱ 的发布时间定在展览会这天,以如此优秀的推广渠道得到了 300 份订单。在这次展会上,他们遇到了水岛聪(日本纺织品制造商),水岛聪后来是苹果在日本的第一位经销商。Apple Ⅱ 大卖之后,沃兹主要负责苹果电脑内部的产品研发工作,他在 1980 年发起了"沃兹计划",将自己名下约三分之一的股份低价卖给公司的员工,此外,他还送给公司早期创业时期的元老每人价值百万的股票。

苹果电脑公司于 2007 年更名为苹果公司,苹果公司向来软件和硬件两手抓。乔布斯认为消费者更喜欢容易使用的系统,产品需要从消费者需求出发,注重科技与美感的结合。此后每次的新品发布,人们都很期待乔布斯的演讲,因为他的演讲简洁但信息量巨大,令人印象深刻。2011 年 8 月乔布斯辞去了苹果 CEO 职务,担任公司董事长。同年 10 月,他因病去世,全球苹果的粉丝在各大社交网络悼念他,由于流量太大一度导致 Twitter 无法登录。

在乔布斯之后继任 CEO 的是蒂姆·库克,他在 2013 年推出了 iPhone5S 和 5C,5S 不仅加长了手机尺寸,还增强了手机信息安全性,增加了指纹解锁等功能,而在颜色上也添加了香槟金的颜色。5C 是彩色外壳,符合年轻人的需求。2014 年苹果又推出了 iPhone6 和 iPhone6 Plus,屏幕更大。而新推出的 Apple Watch,显示了苹果公司在可穿戴设备领域的野心。

四、摩尔发表摩尔定律

戈登·摩尔

1965 年 4 月，一篇文章《让集成电路填满更多的组件》（发表于《电子学》杂志）让"摩尔定律"这个概念进入到了人们的视野中。这篇文章是由戈登·摩尔写的，背后的数据基础是他搜集的从 1959 年到 1965 年集成电路上的晶体数量，通过这篇文章，他预言了半导体芯片上集成的晶体管和电阻数量增加一倍所需的时间。虽然摩尔定律以戈登·摩尔的名字命名，但最早关注晶体管等产量和价格之间关系的，是加州理工学院的卡沃·米德教授。

后来，摩尔在 IEEE 的学术会议论文中又修正了说法，后来演变成：每隔 18 个月，集成电路芯片上所集成的电路的数目就翻一倍。也就是说，每隔 18 个月，我们用一块钱所能买到的电脑性能也会增加。你说信息技术进步得快不快？摩尔定律主要揭示了通过不断增加晶体管数目，实现集成电路芯片更高的集成度和更强的性能。在摩尔定律被提出后，大多数半导体公司都按照它制定了产品更新策略，用晶体管的数量增加来换取价格的下降。摩尔和朋友也于 1969 年成立了因特尔公司,制定了电子信息产业标准。目前,英特尔、高通、AMD 等半导体制造公司仍然按照摩尔定律更新产品。

摩尔定律的遵行意味着制作工艺和散热技术需要跟着进步,这要求大量的资金投入,稍有不慎就会引起一些问题,所以这些年来很多人也曾怀疑过摩尔定律是否还能长期有效。漏电了怎么办,温度高了怎么办,研发费用和工厂成本覆盖不住怎么办,这些都是问题。后来,新型材料高纯硅的出现,让摩尔定律在某种程度上挺直了腰板,因为高纯硅的独特性可以提高集成度,能使价格进一步下降。然而,随着硅晶体接近原子等级,它在运行速度和性能上很难再有什么进展。因此加来道雄(纽约城市大学研究生中心的理论物理学教授,超弦理论奠基人)开始质疑摩尔定律,他认为漏电和高温是硅材料再也无法有所进展的原因,如果仅靠硅材料技术,摩尔定律会因为计算机能力无法保持指数倍增长而失效。

但摩尔定律十分顽强,在硅材料到达瓶颈的时候,纳米管芯片被 IBM 的研究人员研制出来了,它使摩尔定律持续有效。此外,还有一种晶体管材料是石墨烯,在石墨烯结构中,电子可以超高速地运行,因此它成为制造下一代芯片的理想材料。

既然摩尔定律在一定时期内如此有效,那是不是意味着,每 18 个月,我们所用的 IT 产品价格也会下降一半呢?这种侧重价格上的规律属于反摩尔定律的范畴。说到这里,可能你就会开动小脑筋,想:既然过个一年半电脑就能降价 50% 的话,我干嘛每次都要在产品新出的时候买呢?我也等个一年半到两年的时间,不就可以花一半的钱买同样性能的电脑了?

理论上是这样没错。

但在实际的学习、工作中,我们不是只靠硬件就能完成一系列任务的,我们还得靠软件。只有软件和硬件相结合,才能实现它们的作用,而软件可不会跟着遵循摩尔定律。每隔 18 个月就能在内存和性能上有所进展这种事情在软件层面是很难实现的。

描述软件与硬件之间关系的,有一个"安迪－比尔定律"。安迪是指因特尔原 CEO 安迪·格鲁夫,代表硬件;比尔是指比尔·盖茨,代表软件。"安迪－比尔定律"原话是"Andy gives, Bill takes away.",意思是指硬件提高的性能,会有软件来消耗掉。

硬件　　　　　　　　用户　　　　　　　　软件

　　造成"安迪－比尔定律"现象的一个因素是软件臃肿化,也就是说软件增加的功能和变大的体积不成比例,这种情形随处可见。更新换代越迅速的领域,这种情形越容易发生,像是移动平台,它远远比桌面平台更臃肿。比如说,一台电脑你可以用五年,一台智能手机能用五年的就算奇迹了。

　　摩尔定律在很多领域都有所涉及,但仍然有人对它的前景不抱有乐观的看法,有断言称它持续到 2020 年就会失效,但未来会发生什么又有谁能完全说准呢,让我们静待其变吧。

一、你的朋友圈里都有谁

你的朋友圈里都有谁呢？肯定是家长、老师和同学们吧。如果你参加了一些比如羽毛球、钢琴等课程，是不是还有与你有相同爱好的小伙伴呢？这些与你相识并常与你沟通交流的人就是你的朋友圈。

六度空间理论指出：你和任何一个陌生人之间所间隔的人不会超过六个，也就是说，最多通过六个人你就能够认识任何一个陌生人。这就是六度空间理论，也叫小世界理论。

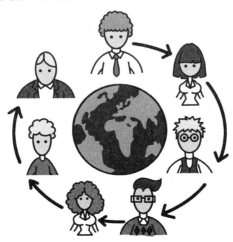

六度空间理论来源于一个社会学的实验:20 世纪 60 年代,社会心理学家米尔格兰姆招募到一批志愿者,然后告诉他们马萨诸塞州的某个目标对象的姓名、地址和职业。米尔格兰姆要求这些志愿者通过自己所认识的人将一个包裹通过亲手传递的方式转交到目标对象手中。实验发现,完成这一过程,平均所需中间人的数目为 5。也就是说,实现两个陌生人之间的连接,所经过的环节大致是六步。2002 年哥伦比亚大学 Watts 教授开展了"小世界研究计划",验证了"六度分隔"不仅在物理世界,而且在虚拟世界同样适用。

六度空间理论在互联网上的典型应用,就是 SNS。SNS 是 Social Network Service 的简称,又叫社会化网络服务,它依据六度理论,通过网络以各种不同的规则,与熟悉的或不熟悉的朋友沟通、交流。SNS 是一种服务模式和平台,指的是建设一个网络平台,人们可以基于该平台提供的服务进行社交活动。通俗地说,社交网络就是把人类的社交活动从实际生活中搬到了网上,由于网络有传播快、实时、互动的特点,因此受到大家的青睐。

Friendster(www. friendster. com)被业界公认为第一家,以六度空间理论为基础搭建的社交网站,成立于 2003 年 3 月。此后大批的模仿者跟踪效仿,同年,Myspace 成立。2004 年,Facebook 成立。目前,Facebook 稳坐全球社交的第一把交椅,成为社交网络的代名词。

在国内,SNS 兴起于 2005 年前后,模仿 Friendster、Facebook 等美国 SNS 应用,人人网、51. com、豆瓣网、若邻网、天际网等一批社交网站在这一时期先后上线服务。但是 SNS 真正在中国网民中火爆起来,则是 2008 年的开心网(www. kaixin001. com)。开心网通过"朋友买卖""抢车位"

"偷菜"等社交网络游戏在白领群体中迅速蹿红,甚至拓展到退休在家的阿姨。直追当时的 SNS"老大"人人网。作为狙击,人人网甚至发动了"真假开心网"之战。

根据中国互联网络信息中心(CNNIC)的统计,截止 2014 年 12 月,我国网民规模达 6.49 亿,全年共计新增网民 3117 万人。互联网普及率为 47.9%,较 2013 年底提升了 2.1 个百分点。截至 2014 年 12 月,我国手机网民规模达 5.57 亿,较 2013 年增加 5672 万人。

游戏本身在中国网民中是很有市场的。只是游戏是产品导向的,需要不断有新的精品上线,吸引用户不断参与。社交是用户主导型的,由用户生成内容,以牵动关系链的活跃。从这个角度分析,社交不是游戏。那靠什么来增加用户黏性呢?

中国的网民已经有一个黏性极强的社交平台,那就是 QQ。而作为社交平台,中国的 SNS 网站在私密性、信息传递的及时性上,都无法和 QQ 相比。而在其他的功能上面,要么 QQ 有而 SNS 无,要么 SNS 的功能缺少壁垒,QQ 可以快速复制。

必须承认的是,SNS 网站的游戏是一个天然的植入式广告平台,借助此平台,其商业前景无可估量,但是当其用户规模这一前提不存在时,这一规划也只能搁浅。

根据中国互联网络信息中心(CNNIC)的统计,网民中使用手机上网的人群占比由 2013 年的 81.0% 提升至 85.8%。中国进入到移动互联网时代。手机本来就是一个沟通交流的工具,智能手机又赋予了手机更多的功能,因此,手机在社交中必然将扮演重要角色。

社交网络只是一个平台,比拼的是平台提供的服务是否吸引用户。用户才是社交网络的主体。在 2011 年底你会惊奇地发现,在街道旁、校园中、地铁上、公交车里,身边的很多人都开始对着手机讲短信,通过一种能够语音聊天的手机应用客户端来随时随地传情达意。没错,这款风靡的应用软件就是微信。

当前,微信作为一种新的媒介形态和社交方式,已成为目前最热门的互联网应用之一。微信是 2011 年 1 月腾讯公司推出的一款为智能手机提供即时通信服务的免费应用程序,用户可以通过手机、平板、网页快速发送语音、视频、图片和文字,可以通过摇一摇、搜索号码、附近的人、扫二维码方式添加好友和关注公众平台,可以进行消息推送和分享精彩内容到微信朋友圈。商家可以在微信平台上开微店。企业或个人都可以申请开通订阅号针对一个主题进行宣传和推广。

自微信推出之后,其以令人目眩的速度创新发展,正式面世 6 个月后用户数量就突破 1 千万,同年 11 月突破 5 千万,2012 年 3 月突破 1 亿,9 月突破 2 亿,到 2013 年 1 月 15 日,微信的注册用户量达到 3 亿,成为亚洲地区最大用户群体的移动即时通信软件,到 2014 年 6 月,微信和微信海外版月活跃用户数达到 4.38 亿。

2015 羊年春晚,微信推出有趣又科技感十足的互动方式,用微信摇一摇参与节目互动,抢微信春节红包,一场好看又好玩的全民狂欢就这样被摇了出来。

微信"春节摇红包"活动在除夕当晚进入高潮,当晚共发放由众多品牌企业赞助的 5 亿现金微信红包。用户点击微信"发现—摇一摇"进入即可参与"摇红包"。同时,每个抢到红包的用户,还可额外领取多个"红包"分享给好友领取,让大家共同讨个好彩头。数据显示,在全民抢红包时段(22:32—22:42),共计发出 1.2 亿个红包。

可见,传统媒体与移动互联网社交服务平台对接将成为一种趋势。

"今天,你微信了么?"正如其广告语所言,微信已然成为一种生活方式。

社交网络的各类服务改变着我们的生活和社交模式。未来,还会有什么样的社交网络重新改变我们,你会以什么方式与朋友圈中的朋友交流,让我们展开想象,拥抱未来吧。

二、还要去商场购物吗?

在全球信息化大势所驱的影响下,信息服务业已成为 21 世纪的主导产业,电子商务作为信息化的核心发动力,在信息化的引领下,正如火如荼地发展。无论是在报刊、杂志,或是在电视等传统媒体上,电子商务成为了一个出现频率很高的词汇,而且中国又是一个人口大国,我国的电子商务市场也成为各个国家和各大公司争夺的一块高地,电子商务在中国的快速发展和崛起,不但为我国企业找到了降低成本、提高效率、拓展市场和创新经营的有效手段,还满足和提升了消费需求,转变了经济发展方式,对于优化产业结构、支撑战略新兴产业发展和形成新的经济增长点具有重要作用。

电子商务的定义存在很大差异,国际会议或组织、各国政府、IT 企业、国内外学者等不同行业的人们都根据自己所处的地位和对电子商务的参与程度,给出了电子商务许多表述不同的定义。

电子商务作为一种新型的、日益成熟的贸易方式。具有信息化特征,以信息技术为基础的商务活动,它需要通过计算机网络实现信息的交换和传递,电子商务的实施和发展与信息技术的发展密切相关,而且正是信息技术的发展推动了电子商务的发展;电子商务具有虚拟性,虚拟性是指商务活动和交易的数字化,商务活动中的各种信息都以虚拟的形成存在,信息交换也通过虚拟的途径实现,互联网作为最大的电子虚拟市场发挥着看不见摸不着的作用,这都表明电子商务带有明显的虚拟性。电子商务具有可扩展性：经济社会的不断发展，企业和用户的需求也会逐渐增大，所以企业在建设电子商务系统时要充分考虑到系统的可扩展性和柔韧性，即使未来需求发生变化或引入新技术，都能够在现有的基础上实现，扩展性好的电子商务才是真正的电子商务。电子商务跨越了时间和空间，是跨地区、跨国家交易的最佳途径。跨国经营不再只是大企业、大公司才能做到的，只要有一台电脑，有网络，就可以在大洋彼岸建立一个网站，销售或购买全球任何地方的产品。

消费是经济增长的重要"引擎"，是我国发展的巨大潜力所在。在稳增长的动力中，消费需求规模最大，而电子商务正成为释放巨大消费潜力的引擎向我们驶来，电子商务的崛起对商务市场、企业和消费者存在着不同程度的影响。

电子商务使企业的生产组织方式、营销方式以及企业与利益相关者之间的关系都发生了变化。首先企业的生产组织方式从传统的大规模流水线生产方式逐渐转变成以"定制化＋虚拟化"为代表的现代生产组织方式，使得企业及时响应市场的需求，在激烈的竞争中处于领先地位。经营方式从传统的大规模营销向精准营销转变，企业通过信息技术分析消费者的偏好、知识水平、行为习惯、从而可以一对一地为客户提供商品定制服务，在精准定位的基础上，建立个性化客户服务体系，实现企业低成本、高准确率的营销。在电子商务时代，企业与客户和供应商之间的经济关系也变得更为错综复杂，在传统的活动中，对企业而言，客户、供应商的职能有明确的划分，每一个群体都有他们各自的特征、目标：供应商提供必要的原材料，客户购买产品和服务。在电子商务时代，企业通过建立网络连接，与供应商进行合作，加速供应商的响应时间，确保在合适的时间地点拥有所需的原料，提高企业生产效率；客户对所购买的产品或服务是否满意，可以通过网络来反馈建议。

电子商务改变着传统意义的市场，使市场呈现出虚拟化、全球化的特点，同时也提升了国民经济结构，第三产业得到迅速发展。在电子商务环境的影响下，不需要借助实体商场，都以虚拟信息的方式呈现，企业所面临的市场和竞争对手不再局限于国内,而扩大到世界各地的每个角落。电子商务让信息更加公开、透明,交易双方沟通联系更加便捷,减少了交易环节,提高了人力和物力的利用效率。并且电子商务费用比较低廉、不易出错、处理速度快极大地缩短了交易时间。举个例子:如果在网上买了一个手机,首先进入网站选购手机,挑选好手机点击购买进入用户登录页面,要输入您的用户名和密码,然后进行付款、填写送货地址、联系信息等。之后,就会有人给您送货上门。如果送到后发现商品有问题,进入您网站的订单中进行退换货。省去了去商场退换货的麻烦,而且订单记录会一直保存供你查阅。

在电子商务时代,消费者不需要到实体店挑选自己所需要的商品,只需要坐在电脑前就可以完成整个购物过程,这样不仅提高了消费者的购买效率,而且在这种虚拟的环境下,消费者的地位由被动变为主动,购物意愿掌握在消费者手中,不必考虑销售人员的感受和情绪,能以一种轻松自由的自我服务方式来完成交易,消费者主动权在网络购物中也被充分体现出来,购物更趋理性。通过互联网消费者不仅可以足不出户地看遍世界,浏览各类产品,而且还能获得各种在线服务,不仅可以购买到各种实物商品,还能买到信息、数据等知识产品,获得如安排旅游、洗衣服、洗车、看病和远程教育等服务项目。

互联网以及信息技术的发展是电子商务发展的支撑要素,近年来,随着互联网以及信息技术的创新和发展,电子商务也具有新的发展方向,技术的多样性发展为电子商务的实现提供了越来越大的选择空间,并从成本、模式、信息和服务提供方式、支付手段等多个方面对电子商务的发展产生了深刻的影响。目前基于云计算的电子商务、基于大数据的电子商务、基于物联网的电子商务都是电子商务发展的一个新的方向。物联网、云计算、网络计算技术、虚拟现实技术、大数据挖掘等技术的发展和与电子商务领域的深度融合,使电子商务各环节的运作方式与运作流程均得到了不同以往的改进,使电子商务不受地域、不受时间限制,低成本、高效率等特点得到更为充分的发挥。电子商务运营方式在未来的发展中将不断地成熟。电子商务模式多样化发展,促进新型电子商务模式的不断产生;电子商务更高的流程优化要求使电子商务管理具有智能性;全球化经济推动电子商务业务更加国际化,社交网络的兴起、移动网络的完善和定位服务的发展,电子商务已经是现代经济中不可缺少的成分,因此,在未来,电子商务将以更快的速度发展成熟,并通过不断的创新保持自身的强大生命力。

三、别人的软件我可以用吗?

不知道你还记不记得比尔·盖茨在 1976 年的那封《致爱好者的公开信》?他抨击非法复制的行为,认为这对于人们编写高质量的软件而言是一种阻碍。而关于软件版权的问题,直到现在仍然是一项值得重视的课题。

由于个人电脑的大幅度普及,人们的需求变得多样化,具备各种功能的软件逐渐成为产品,像是处理图像视频的软件、支撑公司业务流程的软件、教学软件等。在当今世界,几乎所有行业的发展都需要软件的支持,尤其是电子商务、电子政务蓬勃发展,更加离不开软件的支撑。在信息技术中,软件是核心。

February 3, 1976

An Open Letter to Hobbyists

To me, the most critical thing in the hobby market right now is the lack of good software courses, books and software itself. Without good software and an owner who understands programming, a hobby computer is wasted. Will quality software be written for the hobby market?

Almost a year ago, Paul Allen and myself, expecting the hobby market to expand, hired Monte Davidoff and developed Altair BASIC. Though the initial work took only two months, the three of us have spent most of the last year documenting, improving and adding features to BASIC. Now we have 4K, 8K, EXTENDED, ROM and DISK BASIC. The value of the computer time we have used exceeds $40,000.

The feedback we have gotten from the hundreds of people who say they are using BASIC has all been positive. Two surprising things are apparent, however. 1) Most of these "users" never bought BASIC (less than 10% of all Altair owners have bought BASIC), and 2) The amount of royalties we have received from sales to hobbyists makes the time spent on Altair BASIC worth less than $2 an hour.

Why is this? As the majority of hobbyists must be aware, most of you steal your software. Hardware must be paid for, but software is something to share. Who cares if the people who worked on it get paid?

Is this fair? One thing you don't do by stealing software is get back at MITS for some problem you may have had. MITS doesn't make money selling software. The royalty paid to us, the manual, the tape and the overhead make it a break-even operation. One thing you do do is prevent good software from being written. Who can afford to do professional work for nothing? What hobbyist can put 3-man years into programming, finding all bugs, documenting his product and distribute for free? The fact is, no one besides us has invested a lot of money in hobby software. We have written 6800 BASIC, and are writing 8080 APL and 6800 APL, but there is very little incentive to make this software available to hobbyists. Most directly, the thing you do is theft.

What about the guys who re-sell Altair BASIC, aren't they making money on hobby software? Yes, but those who have been reported to us may lose in the end. They are the ones who give hobbyists a bad name, and should be kicked out of any club meeting they show up at.

I would appreciate letters from any one who wants to pay up, or has a suggestion or comment. Just write me at 1180 Alvarado SE, #114, Albuquerque, New Mexico, 87108. Nothing would please me more than being able to hire ten programmers and deluge the hobby market with good software.

Bill Gates
Bill Gates
General Partner, Micro-Soft

《致爱好者的公开信》

　　但软件产品和我们日常生活中所用的普通商品是很不同的,最起码软件没有重量,在这个空气都有重量的世界里,没有重量的软件是不是很特别? 此外,软件产品不是像桌椅板凳一样在工厂里生产而成,而是程序员、测试员等工作人员在计算机上通过执行编程、测试、上线等一系列流程产生的。

　　我们平时所说的购买正版软件,不是指把软件的权利买断,而是购买软件的合法许可使用权。这和简单的商品买卖不同,如果你认为购买了正版软件就可以对软件为所欲为的话,那可就麻烦了。打个比方,你代表学校参加市里举办的厨艺比赛,在比赛之前的准备环节需要到菜场买食材,你挑了番茄、黄瓜、西兰花、鱼肉、牛肉等原材料,付钱给了菜商,把这些食材带回比赛现场,之后,你根据自己的喜好进行烹饪,做了糖醋鱼、西兰花牛柳、蔬菜沙拉等,你还特意为这些菜起了诗情画意的名字,由于你做的菜好吃,名字也颇高雅,评委们决定给你第一名。这时候,刚才在菜市场里打交道的菜商从观众席里拍案而起,大喊"这不对! 他用的是我提供的食材！所以这个奖项不应该给他！应该给我！"……你觉得这有可能发生吗？菜商会这么做吗？答案是不会。因为这种情况属于我们日常所见的商品买卖：你买了这样东西，它就是你的了。

但软件不一样，软件版权的持有者一般是以许可的方法行使版权。从法律上说，所谓"盗版"指的是未经许可（包括著作权人的自愿许可、依据法律规定由权威机构颁发的强制许可，以及法律明确规定的法定许可等）而"复制"他人享有著作权的作品的行为。盗版软件也是违反软件许可的产物。对于通过许可方式使用软件的被许可人来说，他们只允许在许可的范围内使用软件，未经许可则不允许擅自处理所持有的软件复制品。软件许可协议是一种特殊类型的合同，一般来说分为开封生效的许可协议和点击生效的许可协议两种类型，点击生效的许可协议是开封生效许可协议的电子形式。

根据软件的传播和使用方式，我们可以把软件分为商业软件及试用软件、免费软件、自由软件等。

我们在日常生活中很常见的就是商业软件及试用软件。商业软件受版权保护，它是指通过各种贸易方式向公众发布的商品化软件。试用软件则是指用户可以先免费试用软件一段时间，再决定要不要付费购买它，试用软件一般会被限制一些功能，或者是规定了试用期和次数，如果用户不付费的话，软件会自动失效。

免费软件一般是指那些权利人放弃著作权的软件，对于用户来说，免费软件功能没有欠缺，不用支付下载费用，听起来很不错。对于软件持有者来说，他们很多是通过软件来获得用户量，从而进行商品推销。可以说，免费软件是一种双赢的软件。

自由软件则是指那些可以不受限制地自由使用、复制、研究、修改和分发的软件，自由软件由理查德·斯托曼最初给出定义，他认为自由软件的重点在自由权，而非价格。开源软件与自由软件相比，主要区别在许可证上。开源有许可协议需要遵循。开源软件与免费软件的不同在于，开源软件是受到版权保护的软件，只不过版权人放弃了部分权利，用户在使用开源软件时，仍然不能违反相应的版权声明。

希望读者们通过对软件版权的了解，不仅能知道商业软件、自由软件等不同类型的区别，还应树立使用正版软件、杜绝盗版软件的良好意识。计算机软件是复杂脑力劳动的果实，值得我们每一个人的尊重。

四、计算机病毒与黑客

如果你看过《黑客帝国》，基努·里维斯下腰躲避子弹的画面你一定还有印象吧？或者是他抖开风衣的帅气姿势，你有没有偷偷模仿过？那时年少无知的我以为黑客都像基努·里维斯似的，模样英俊、身怀绝技，现在想来这念头倒有些幼稚。

电影《黑客帝国》海报

黑客是 Hacker 的音译，动词为 hack，有开垦的意思，或许黑客就是一群喜欢开垦技术难题的人，他们热衷技术上的挑战，富有激情，崇尚自由，但会表现出一定的破坏行为，毕竟他们入侵的是在自己权限之外的系统。比尔·盖茨可能是最早的黑客，他在 1972 年底因大无畏而闯的祸大家也都知道,在这里就不赘述了。

一般来说,黑客进行攻击的方式有远程攻击、伪远程攻击、本地攻击三种。远程攻击是外部的黑客通过各种手段向系统发动攻击,时间一般是在目标系统当地时间的晚上或凌晨,黑客为了不暴露真实身份,一般不用自己的机器直接攻击。伪远程攻击是指内部人员为掩盖身份,在获取信息后从外部远程发起攻击,让人误以为攻击者来自外部。本地攻击一般是指内部人员通过局域网向内部其他系统发动的攻击,在本机上进行非法越权访问也属于本地攻击的范畴。

中国黑客中针对商业犯罪的行为不多,一些出现在报刊上的商业黑客犯罪行为,大多数采用的不是网络手段,而是物理手段。但如果对黑客行为不好好引导的话,是有可能发展为计算机网络犯罪的,如果黑客行为涉及到了国家安全,造成的结果是非常严重的,因此各个黑客组织应该对黑客个人加以引导。

客观来看,中国的黑客行动对我国网络安全来说作用还是很重大的,没有他们,我们就不会如此重视网络安全,再加上一些黑客高手转为了网络安全专家,在一定程度上为我国网络安全的发展作出了贡献。

说到黑客,我们还应该谈谈计算机病毒。这个概念想必你们都不会感觉陌生吧?

大家都知道,计算机病毒和感冒病毒是不一样的存在,它其实是一种程序,能够破坏计算机功能或者数据,还能够自我复制,具备寄生性、潜伏性、隐蔽性、可触发性、破坏性、瞬时性、传染性等特点,属于高技术犯罪。

计算机软硬件产品的脆弱是产生计算机病毒的原因,数据处理的各个环节都很容易被侵入,再加上软件设计的周期长,人们只能在运行过程中发现和修改错误,而无法在最初的时候就避免,并且总会有一些错误还没有被发现,因此计算机病毒的侵入就显得更加容易了。

计算机病毒的演变过程大体是这样:一般情况下,操作系统升级后会出现一种新的病毒技术,在这之后病毒会迅速得到发展,然后反病毒的技术会出现,并抑制它,接着操作系统再升级,新的病毒技术再产生……现在流行的病毒大多是人为故意编写的,动机可能是由于程序员出于不满、好奇、报复等原因想证明自己的能力,也有可能是因为政治、军事、宗教、专利等方面的需求,还有一些是测试病毒,来自于黑客和病毒研究机构。

要想尽量减少计算机病毒对自己电脑的侵害,我们在日常的工作和学习中应当尽量少点那些陌生的链接,电脑里最好也要安装防毒软件。

五、计算机安全与防护

现在"互联网+"的概念已经渗透到各行各业,在"互联网+"的背景下,信息和数据成为核心。如何将信息和数据转化为生产力,是"互联网+"时代的课题。信息和数据的处理离不开计算机。由于计算机系统中存储着宝贵的资源,一旦受到攻击,后果不堪设想。因此,计算机安全与防护也就越来越受到人们的重视。

什么是计算机安全呢?根据国际标准化组织提供的定义,计算机安全是指为信息处理系统建立和采取的技术上和管理上的安全保护措施,保护系统中硬件、软件及数据,不因偶然或恶意的原因而遭受破坏、更改和泄漏。计算机安全目标通常包括保密性、完整性和可用性。

计算机安全的内容包括物理和运行安全、信息安全、网络安全。其中,物理和运行安全主要是保障软硬件功能的安全实现,如为保护计算机设备和网络及通信线路免受地震、水灾、火灾等一系列环境事故破坏和其他不利因素而遭受损失所制定的措施,为保障计算机系统正常运行、功能安全实现,避免因为系统崩溃和损坏导致信息破坏与损失,而提供的一系列安全措施等,都属于物理和运行安全的范畴。

信息安全主要是针对数据的安全,通过密码技术、信息安全技术等,保障数据不因偶然或恶意的原因而遭到破坏、更改和泄漏。由于信息安全涉及的技术众多、领域知识众多,因此它也是一门综合性学科。

网络安全针对网络系统,主要是通过采用各种技术和管理措施保障网络系统的正常化运行,以此来确保网络数据的保密性、完整性及可用性。

随着网络的遍布,网络安全也越来越受到人们的重视,并且对不同的人来说,网络安全的所指也会有所不同。不管是从个人和企业角度,还是从国家角度,网络安全都是需要高度重视的。

之前我们提到过的计算机病毒,就是威胁计算机安全的因素之一。在一般情况下,计算机病毒会依附系统软件,或者用户程序进行扩散,进而破坏数据与程序、入侵计算机的资源,妨碍计算机的正常工作。你在学习和工作过程中,如果电脑系统运行速度变得非常缓慢、应用程序老是发生错误,或者磁盘老是出现一些莫名其妙的文件,那么你的电脑就有可能中病毒了。

比如说,系统内存空间、磁盘空间减少,数据或程序自行丢失,文件打不开,经常蓝屏或死机等,这些现象都表示你的电脑可能感染病毒了。感染病毒和一般故障是不一样的,病毒发作有规模,一般故障无规律,通常是偶然会发生一次。遇到不知道是不是感染病毒的情况,你先检查系统的 BOOT 区、IO. SYS、MSDOS. SYS、COMMAND. COM、. COM、. EXE 文件,看它们是不是有异常,然后再检查其他文件。

要想减少计算机感染病毒的机会,我们需要注意建立计算机安全防护的意识,建立良好的安全习惯,不打开那些来历不明的邮件和附件,不上那些不了解的网站,对计算机系统中不需要的服务关闭或删除(因为它们为攻击者提供了机会,所以如果没有太大用处的话,删掉会减少被攻击的可能),设置密码的时候注意复杂程度,软件下载要到正规网站下载,并且安装防火墙和杀毒软件,在使用其他软件之前,也要进行杀毒。

第九章
软件发展趋势

自软件诞生以来,软件技术在短短时间内得到了飞速的发展,这在传统制造领域是不常见的,究其原因,主要是因为生产软件与生产其他产品

是不同的,至今还没有一个可以满足高效、高质目标的软件生产方法,而对高效、高质的软件生产方法的需求,催化了软件技术的迅猛发展。

软件技术发展的历史大约经历了五个阶段。

第一个阶段是在20世纪50年代到60年代,在第一阶段,软件技术主要体现在算法方面,对程序的要求也仅仅是能得出正确结果,写法可以非常灵活、有技巧,但基于算法技术的软件生产率很低,程序也很难看懂,因此就为软件的修改和维护带来了极大的困难。以致"软件危机"出现了。

第二个阶段是在20世纪70年代,这一阶段开始强调数据结构、程序模块化结构等,形成了结构化软件技术,提高了程序的可读性。后来,软件工程方法出现了,使得软件工作不再仅仅考虑程序的编写,而是扩展到了整个软件生命周期(开发、使用、测试、维护等环节)。软件不只是程序,还应该包括文档,与第一阶段相比它更多地开始注重"团队",这大大增强了软件的质量和可维护性,同时也大大增加了开发成本。

第三个阶段是在20世纪80年代,面向对象的技术出现了,它把软件系统看成是离散对象的集合,对象包括的内容并不单一,既包括数据结构,也包括行为。面向对象技术可以帮助参与者用清晰的概念进行交流和合作,因此在某种程度上进一步加强了软件的可读性、可维护性,并使得软件可以重用。它缩短了软件分析、软件设计等各环节之间的鸿沟,与前两个阶段相比能够更多地降低软件开发成本。

第四个阶段是在20世纪90年代,它在第三阶段的基础上,开始考虑分布式开发的需求。此时,计算机网络技术开始发展,对软件开发的需求因此也就从单一环境下的软件开发进化为异构环境下分布式软件的开发,所以,面向对象技术也就要求能够支撑分布式软件开发,支撑在不同计算机、不同操作系统和语言环境、不同开发人员在不同时间下开发时的软件重用,也就是要解决互操作、可移植、可组合等一系列问题。中间件技术应运而生了,它可以屏蔽不同操作系统和语言环境的差别,把异构的、分布式的系统转换为对软件开发人员来说是单一的计算机和开发环境,大大增强了互操作运行。

第五个阶段是从 20 世纪 90 年代中期,然后进展到近几年。在这一阶段,有代表性的是软件构件技术。软件构件技术也是讲究重用,只不过它讲究的是二进制码的重用,对软件开发者来说,这更加方便。面向对象的技术和分布式对象技术所支撑的重用是通过程序源代码的形式,这仍然要求设计者需要理解别人的设计编程风格,因此付出的成本和代价会比在二进制码层面进行重用要大。软件构件技术的实现,可以把软件分割成能够单独开发、单独编译、单独调试、单独测试的构件,软件构件包括功能模块、封装对象类、软件系统模型、软件框架等,还应明确构件标识、调用方法、对象、适用范围、作用简述、输入输出等,方便操作,即插即用。这些构件组合在一起,就形成了完整的应用系统。

 ## 二、大数据分析,我的未来你知道

随着技术的发展,数据流量成指数级增长,数据本身的价值有限,但经过对信息分析后就会产生非常可观的价值。

大数据(Big Data)是一个体量特别大、数据类别特别多的数据集,并且这样的数据无法使用数据库工具进行管理和处理。大数据的数据规模和传输速度要求很高,其结构不适合原本的数据库系统,为了获取大数据中的价值,我们必须选择另一种方式来处理它。

大数据的数据体量巨大。从 TB 级别,跃升到 PB 级别。数据类型繁多,如网络日志、视频、图片、地理位置信息等都是数据的组成部分。大数据的价值密度低。以视频为例,连续不间断监控过程中,可能有用的数据仅仅有一两秒。大数据要求处理速度快。巨大的数据量要求较快的处理速度,否则难以获得实际的应用。

大数据来源丰富,物联网、云计算、移动互联网、车联网、手机、平板电脑、PC 以及遍布地球各个角落的各种各样的传感器,无一不是数据来源或者承载的方式。

大数据在电子商务、银行、个人生活等领域具有较好的应用,并将不断深入。

随着我国电子商务的高速发展,越来越多的人注意到数据信息对电子商务市场起着推动作用,随着客户数量的增加,电子商务可以记录每次购买和访问的记录,这样企业就可以通过统计这些数据,来分析客户最想购买的商品,大数据分析可以最大限度挖出潜在客户,它为电子商务市场带来了不可估量的突破。有关调查显示,2015 年最大数据仓库中数据量将逼近 100PB,其增长速度远超过摩尔定律。因此电子商务数据分析的趋势是数据量的膨胀和数据深度分析需求的增长。

电子商务领域的大数据分析有哪些呢?

(1)用户获取成本分析,如果你在京东或者 1 号店上或者其他平台上都经营着店铺,你就得知道每天有多少用户进入你的店铺,进入店铺的用户和完成购买的用户之间的比例是多少,吸引用户的成本是多少。掌握了这些数据才能对店铺的用户获取成本有精确的认识,以此指导下一步的预算制定。

(2)订单分析,尤其是对未完成付款的订单进行深入分析。通过各种活动,各种促销打折,将用户吸引到你的店铺,用户下单点击"现在购买"按钮,窗口跳转到付款页面,用户却放弃了购买,为什么?通过分析这些未完成付款订单,你可以了解到用户放弃购买的原因。未完成付款或者用户放弃购买的订单都是你应该进行追踪和分析的数据。

(3)用户价值分析,分析平均每个来到你的店铺浏览商品的用户为你带来多少营收?他们来源于哪里?每个用户的价值以及他们的流量源是一个重要的数据。你需要设计出一个优秀的市场营销计划,同时顾及到新增用户和旧有用户,让他们对现在和将来有可能出现的产品产生兴趣。

(4)投资回报率分析。投资回报率主要是你所投放的广告费与以此带来的收益比。通过分析在线广告的投资回报率来明晰哪些广告渠道效果最好。

(5)购买渠道分析。通过对购买渠道的分析,了解到用户从哪里找到我们,进入购买程序。对购买渠道的数据分析可以对用户的购买转换行为进行优化和提高。

商家在运营中抓取数据,通过数据得出结论,结论又反过来指导电商的运营,以此形成良性循环。"数据分析"在电商运营中所扮演的角色举足轻重。

银行需要借助由大数据构建的企业经营全景视图来进行活动,进而寻找最优的模式支持商业决策。银行通过大数据分析平台接入客户通过社交网络、电子商务、终端设备等媒介产生的非结构化数据,对客户信息进行分类,快速有效地甄别出优质客户、潜力客户以及流失客户。

通常在网购时,在选择了某些商品后,页面中就会自动显示出与此商品相关的商品,有相似的商品,供用户比对,也有相关的商品,比如买了裙子,网页中展现能够搭配此裙子的鞋子。或者通过登陆账户的方式进入网站中,系统会通过数据分析,把您感兴趣的商品在网页下面小窗口中流动显示,方便您选择商品或者进行比较,选择出性价比更高的商品。有了数据分析,就会使生活变得轻松、快乐和理性。

在未来,一些你意想不到的事情可能都会通过大数据技术得以实现,比如说预测足球比赛的胜负,预测你得某种疾病的概率等,甚至在计算机从未涉足的艺术领域,计算机也已经初露锋芒。

按照艺术家和风格对绘画进行分类,对我们都是有难度的,而在不同的艺术家和风格之间明确相互的联系难度则更大。通常,你会对计算机具有的艺术鉴赏能力嗤之以鼻。但事实上,计算机某种程度上已经能够欣赏艺术了。

Babak Saleh 和 Ahmed Elgammal 来自新泽西罗格斯大学,他们两人使用最新的机器学习技术,训练算法精确识别绘画属性,包括艺术家和作品风格。该技术还可以在整体绘画风格上,识别艺术家之间的联系,这对于很多艺术家来说都是困难的。

大数据使广告投放更精准,传统的广告营销简单和直接,渠道比较少,电视是最主要的渠道,经费充足的话,在收视率高的电视台滚动播放广告,就能达到非常好的效果。基于大数据的时代,广告投放将变得直接高效。商品信息将被推送到对该商品有需求的人群手里,甚至户外广告牌将根据不同的时间段和人群进行变化。

现在有很多 APP 应用是针对人体以及运动方式来进行研发和应用的,这种将手机变成生物医学研究设备的方式正在逐渐被广大用户所接受,研究人员现在可以通过他们用户手机收集的数据,与人群的健康信息一起,进行系统地分析,为用户提供一些具有参考价值的信息和建议,比如提醒你要"多运动,少吃肉,多吃蔬菜!"。

基于大数据可以实现更高效和智能的搜索。比如周围你喜欢的饭店、你的行车路线、周末的亲子游设计,你面前的食物是哪里种植、哪天收获的等,这些信息将更智能、更贴心。当你早晨醒来,向你推送的早餐可能就是你想要的。

在国外的一些滑雪胜地当中也开始应用了很多大数据技术,利用RFID 标签技术将每个缆车券的信息进行整合,这样一来可以降低欺诈和减少等待时间,同时也能帮助滑雪场了解游客流量模式,比如一天中最受欢迎的时间段。这样做的另一个好处就是能够保护滑雪者的安全,当有些滑雪者迷路时能够利用大数据技术来搜寻迷路者,此外,大数据同样可应用到人的身上,比如提供网站和应用来展示你的日常活动统计,比如你转了多少个弯,垂直走过了多少路程等,使用者还能够将这些数据和信息分享给更多好友。

在大数据环境下,数据科学家将成为一种新兴职业。"数据科学家"在 2009 年被提出,其工作是在大数据环境下,采用科学方法、运用数据挖掘工具寻找新的规律。数据科学家不仅要精通数据分析的方法和工具,还要熟悉数据所属领域,能够快速构建领域模型。数据科学家利用企业的内部数据进行分析,可以支持领导层的决策。

三、随需随用的云计算

在现实生活中,云朵中蕴含着水气,条件成熟时就会下雨。当你需要水的时候,拧开水龙头,水就流了出来。需要灯光时,打开开关,电灯就亮了。

当你需要"计算资源"时,这种"计算资源"能够像水电一样方便地为你提供,这就是云计算。这里"计算资源"是个关键,那么什么是计算资源呢?计算资源可以简单地理解为现在你想用计算机或者平板电脑或者手机想干的事情所需要的资源。

如果你现在用 PC 机工作的话,云计算就是你原来想用 PC 机工作的事情现在全都用位于远端的云来做。这样说还是有些虚无缥缈。再简单点说,应用了云计算,你的家里需要的就不是 PC 机,而是更简单的一个仅提供显示和浏览功能的电子设备,而负责计算、存储的功能都由云来负责。

目前,PC 依然是我们日常工作生活中的核心工具——我们用 PC 处理文档、存储资料,通过电子邮件或 U 盘与他人分享信息。如果 PC 坏了,我们就无法编辑文档,登录社交网络与朋友互动。而在"云计算"时代,"云"会替我们做存储和计算的工作。"云"就是计算机群,每一群包括了几十万台甚至上百万台计算机。"云"的好处还在于,多台计算机提供给多人应用,能够保证资源的高效使用,避免浪费。

这样,我们应用一台能上网的终端设备,不需关心存储或计算发生在哪朵"云"上,但一旦有需要,我们可以在任何地点用任何设备,如电脑、手机等,快速地计算和找到这些资料。

在云计算时代,可以抛弃 U 盘等移动设备,只需要进入网络,就可以新建文档,编辑内容,然后,直接将文档存储在云端,可以通过某种共享机制分享给你的朋友,他可以直接打开。

云计算中,提供资源的网络被称为"云"。"云"中的资源在使用者看来是可以无限扩展的,并且可以随时获取,按需使用,随时扩展,按使用付费。这种特性经常被称为像水电一样使用 IT 基础设施。"云"是一些可以自我维护和管理的虚拟计算资源,除了包含大型服务器集群外,还包括计算服务器、存储服务器、宽带资源等。云计算将所有的计算资源集中起来,并由软件实现自动管理,无需人为参与。这使得应用提供者无需为繁琐的细节而烦恼,能够更加专注于自己的业务,有利于创新和降低成本。

四、各行各业"互联网 +"

如果你还记得某个电影的主演和情节,但记不起该电影的名字,你会怎么办? 我想,最简单的办法就是上网了。互联网为我们提供了无数的便利,搜索资料,省了去图书馆的奔波;网络购物,商场也不用亲自去了;社交网络,可以随时随地与朋友分享你的点点滴滴。互联网改变着我们的生活。今天我们要说的是"互联网 +"。"互联网 +"就是指,以互联网为主的一整套信息技术(包括移动互联网、云计算、大数据技术等)在经济、社会生活各部门的扩散、应用过程。这里的核心是,互联网成为一种通用的技术。比如"电",有了电,在电的基础上,可以有电灯、电冰箱、洗衣机、电车等电器。那么以互联网为基础,与其他行业相叠加,就称之为"互联网 +"。

"互联网 +"的本质是传统产业的在线化、数据化。

"互联网 +"的前提是互联网作为一种基础设施的广泛安装。截至

2014 年底,中国已经有 6.5 亿网民,5 亿的智能手机用户,通信网络的进步,互联网、智能手机、智能芯片在企业、人群和物体中的广泛安装,为下一阶段的"互联网 +"奠定了坚实的基础。

有了这个作为基础,当前,各领域针对"互联网 +"都在做一定的论证与探索。制造业、零售业、教育、金融等都在发生着变化。

也就是说,互联网的作用由工具发展到类似水电煤,成为一种基础设施。1994 年作为中国商用互联网元年,20 年来都未见"互联网 +"流行开来,而到了 2015 年这个概念才被大众化传播,这充分说明,互联网本身已经发展成熟,成为先进生产力,亟待与各行各业的结合。

互联网可以分成两个阶段,第一阶段是互联网作为一个独立的行业,有别于传统线下行业。这个阶段,互联网用其在空间性和时间性上的优势,从事着适合自己的工作,如新闻门户、游戏平台、社交媒介、大卖场等工作,取得了很好的成绩。但这个阶段,互联网和线下各产业是平行存在的。

2013 年后,互联网进入第二阶段,也就是"互联网 +"阶段。这一阶段是伴随智能手机和 3G/4G 的普及而发展起来的,移动互联网的发展打破了生活和工作的区隔,打破了线上和线下的界限。这一阶段,互联网逐渐脱离工具属性,与其他行业结合变成了底层设施。2013 年下半年以来,互联网公司更多强调线上线下的融合,之前线上线下剑拔弩张的情况得到了缓解。

互联网向"互联网 +"的演进是必然,要获得更广阔的发展空间,可选的方向有:国际化扩充地域,更加追求极客和技术,和线下结合。其中,往线下走与实体经济结合是最好的方向。"互联网 +"零售已经在中国取得了极大成绩,在世界上占据了一席之地。"互联网 + X"更是给大家足够大的想象空间。

销售方式决定生产方式。对制造业来说,互联网能够大大削减产销之间的信息不对称,加速生产端与市场需求的紧密连接。传统的制造业是先生产、再销售。在互联网生态下,能够对市场需求进行精准的预测,供应链的各方面能够更紧密地协同，以实现更加"柔性化"的管理。供应链具有足够弹性，产能可根据市场需求快速做出反应，多款式的小批量可以做，需要大批量翻单、补单也能快速做出来。对企业来说，柔性化供应链的最大收益在于把握销售机会的同时，又不会造成库存风险。

互联网与传统农业结合，将实现更加科学的农田管理和农产品的电子商务。天气信息、土壤信息、农作物信息等的综合获取，使得全方位智能化的灌溉、施肥、喷施农药成为可能。互联网也能够重塑农产品流通模式，各类生产者积极变身，直接对接电子商务平台。新型农产品流通模式能够提高流通效率，节约社会成本。

互联网技术渗透积累的海量用户和金融行业的结合发展造就了互联网金融快速崛起的奇迹，冲击着传统金融业。互联网金融已经渗透到每个人的生活，成为大家的"必须"。未来，"互联网＋"金融会向着人人金融演变，实现随时随地都有银行跟随的理想。你所需的所有金融服务，如存取款、转账、理财、生活缴费等都通过统一的入口比如你的手机进行。这样，在任何地点、任何时间都能获取金融咨询和金融资源。

五、软硬结合是趋势

什么是"软硬结合"？从字面意思来看，好像可以理解为"软件"和"硬件"相结合，也就是"1"＋"1"。听到这话你可能要笑了……什么，软件和硬件堆在一起就是软硬结合？那软硬结合谁不会呀！我自己先设计一个软件，再搞一个硬件出来，不管三七二十一把它们揉到一处，那我这东西是不是也叫软硬结合了？

自然不是这么简单。

你得想办法让"1"＋"1"＞"2"才行。

别的先不说，就说说在中国火了好多年的苹果产品吧，什么 iPhone 啊、iPad 啊、MacBook 啊、iPod 啊……还有 Apple Watch。苹果公司在它的产品线上可谓把软硬结合贯彻了个彻彻底底，两手抓、哪个都不放手，所以随着技术的逐渐成熟、用户群的日益庞大，苹果的产品顶过风破过浪，软硬件之间的契合程度自然要比单抓一线的产品要高一些，你赢不过时间。现在的苹果在实现"1"+"1"＞"2"的目标上显得格外轻松，就拿它的移动操作系统举例吧，在推出新的硬件设备之后，苹果往往会推送一个新版本的 ios 系统，例如在 2014 年 9 月，苹果公司推送了 ios8 用于支持 iPhone4s、iPad2、iPod touch5 及以后的设备，在旧版本系统的基础上改善了 Wi-Fi，增加了 iCloud 的"照片云端串流"功能，在这一版本下还可以实现不同设备之间的信息共通。这些管理基于你的账号，只要你在不同的设备上登录同一个账号，那么，即使你的设备放在不同的地方（比如说你的 iPad 放在了家里，iPhone 随身携带），它们之间的一些资料也可以实现同步。你用手机拍的照片、修的图，在你的平板上也会有一份，如果你想用平板上的社交软件发图，直接就可以发，不用再拿手机导来导去了，这很方便吧？

Apple Watch 手机软件界面

不仅如此,苹果公司对操作系统新功能的推出速度之快、效率之高,让人瞠目结舌。笔者在2015年5月的时候后知后觉地升级了iPhone的操作系统,当时最新版本是ios8.3,等升级之后,发现手机里多了一个可以对接Apple Watch的应用(Apple Watch应用可以与你的硬件配对),对于已经购买Apple Watch的人来说,这个应用可以让使用体验更加优化;而对于还没有购买Apple Watch的人来说,这个应用在某种程度上能起到推销的作用。试想一下,你摆弄着手机,Apple Watch应用在你眼前晃来晃去,你总会想着点开它吧? 一点开它,探索菜单里那些制作精美的视频便开始伸着小手向你召唤,让你360度全方位地了解Apple Watch……有应用软件如此,何愁硬件的转化率?

苹果公司在软硬结合方面为我们上了非常精彩的一堂课。它告诉我们:只有做到软件硬件互相推动发挥更大作用,而不仅仅是把各自为政时的效用进行相加,软硬结合才是成功的("1"+"1">"2")。否则,就是单纯的"软硬堆砌"。

那么,除了苹果公司的产品,在我们日常生活中,还有哪些体现了软硬结合的物件呢?

车载 GPS 导航系统算得上是典型的软硬结合产物。读者们对它肯定很熟悉吧？开车外出游玩到达陌生的城市，想去一个景点，知道景点的名称却不知道路线，这下怎么办？车载 GPS 导航系统派上用场了，你输入景点名称（输入的方式可以是手写、也可以是语音），从当前位置开始导航，系统自动给你规划最优路线，顺着路线走基本不会出错，功能齐全的甚至还能告诉你哪段路红灯多、哪段路堵车严重。一般情况下，我们认为车载 GPS 导航系统分为终端和控制中心两部分组成，它们之间的联系依靠的是定位卫星。说到卫星，最初，同步卫星只能在军事及航空领域用，后来放宽了限制，再加上商用通信卫星出现，使得卫星导航系统成为可能。随着技术的成熟，这几年安装有车载 GPS 导航系统的汽车所占比例也越来越大。

卫星导航系统有及时更新的地图数据库做支撑，与传统印制的地图相比更加与时俱进，因此也就更方便、更有效率。你想想看，在不熟悉的地方，如果没有 GPS 导航，驾驶员开车的时候肯定需要旁边的人一边看纸质地图一边指路吧？"前面那个路口左转，再过几个红绿灯右转……"驾驶员听话地左转之后，发现前方修路，不能通行。两人面面相觑。因为纸质地图的更新换代速度慢，无法传达一些实时的路况，这种情况的发生也就不足为奇了。车载 GPS 导航系统的出现能在某种程度上化解这种不便，它的地图数据库对地图数量、地图准确性、地图数据及时性等都有要求，因此也就确保了导航系统的使用价值。除了导航功能，车载 GPS 导航系统还可以监控汽车的踪迹，如果不能定位汽车的方位，又怎么可能实现准确的导航功能呢？

可穿戴设备是软硬结合领域的当红炸子鸡。以之前提到过的刷刷手环为例，北京市政交通一卡通于 2015 年推出的刷刷手环，不仅可以代替交通卡使用，还能起到运动手环的作用。你可以安装刷刷手环的应用软件到手机中，通过蓝牙实现与手环硬件的绑定。绑定之后，你在软件中可以设置个人资料、设置个人目标（包括每日运动目标和每日睡眠目标）等内容，每天佩戴手环进行运动的数据，可以通过同步传到手机软件中，让你能更加直观地看到自己的目标完成程度、不同时间区间中的运动数据，以及以 24 小时为周期的数据统计曲线图（分为运动统计、静坐统计、睡觉统计）。

除了自娱自乐，你还可以到任务大厅领取挑战任务，刷刷手环定期会推出不同的任务供用户参与。除此之外，应用软件还有一些别的功能，像是刷刷钱包、排行榜、积分商城等，都可以通过刷刷手环应用软件来管理。

除了刷刷手环，现在市面上有很多的可穿戴设备，佩戴的位置有所不同，有当手表戴的、有当眼镜戴的、有当鞋穿的，而它们的价值在于提供软件服务和数据服务，而这服务并不是指单纯地提供统计功能，最好可以分析你的数据，并根据你的个性化情况提供解决方案。当今社会，人们对自身的健康越来越重视，对体现自身健康情况的数据也就越来越重视，如果可穿戴设备能够有效地统计数据、基于数据进行深度分析、更进一步地提供解决方案，自然会受到公众的青睐……能满足人们需求的产品，才有潮流趋势可谈。